北京自然观察手册

水果和干果

吴昌宇　王辰　著

北京出版集团
北京出版社

图书在版编目（CIP）数据

水果和干果 / 吴昌宇，王辰著 . — 北京 ： 北京出版社，2022.2
（北京自然观察手册）
ISBN 978-7-200-17017-7

I. ①水… II. ①吴… ②王… III. ①水果 — 普及读物 ②干果 — 普及读物 IV. ①S66-49 ②Q944.59-49

中国版本图书馆 CIP 数据核字（2022）第 026761 号

北京自然观察手册
水果和干果

吴昌宇　王辰　著

*

北 京 出 版 集 团
北 京 出 版 社　出版

（北京北三环中路 6 号）
邮政编码：100120

网　　　址：ｗｗｗ.ｂｐｈ.ｃｏｍ.ｃｎ
北 京 出 版 集 团 总 发 行
新 华 书 店 经 销
北京瑞禾彩色印刷有限公司印刷

*

145 毫米 ×210 毫米　8.875 印张　184 千字
2022 年 2 月第 1 版　2022 年 2 月第 1 次印刷
ISBN 978-7-200-17017-7

定价：68.00 元

序

北京的大都市风貌固然令人流连忘返，然而北京地区的大自然也一样充满魅力，非常值得我们怀着好奇心去探索和发现。应邀为"北京自然观察手册"丛书做序，我感到非常欣慰和义不容辞。

这套丛书涵盖内容广泛，包括花鸟虫鱼、云天现象、矿物岩石等诸多分册，集中展示了北京地区常见的自然物种和自然现象。可以说，这套丛书不仅非常适合指导各地青少年及入门级科普爱好者进行自然观察和实践，而且也是北京市民真正了解北京、热爱家乡的必读手册。

作为一名古鸟类研究者，我想以丛书中的《鸟类》分册为切入点，和广大读者朋友们分享我的感受。

查看一下我书架上有关中国野外观察类的工具书，鸟类方面比较多，最早的一本是出版于2000年的《中国鸟类野外手册》，还是外国人编写的，共描绘了1329种鸟类；2018年赵欣如先生主编的《中国鸟类图鉴》，收录1384种鸟类；2020年刘阳、陈水华两位学者主编的《中国鸟类观察手册》，收录鸟类增加到1489种。仅从数字上，我们就能看出中国鸟类研究与观察水平的进步。

近年来，在全国各地涌现了越来越多的野外观察者与爱好者。他们走进自然，记录一草一木、一花一石，微信朋友圈里也经常能够欣赏到一些精美的照片，实在令人羡慕。特别是某些城市，甚至校园竟然拥有他们自己独特的自然观察手册。以鸟类观察为例，2018年出版的《成都市常见150种鸟类手册》受到当地自然观察者的喜爱。今年4月，我参加了苏州同里湿地的一次直播活动，欣喜地看到了苏州市湿地保护管理站依据10年观测记录，他们刚刚出版了《苏州野外观鸟手册》，记录了全市374种鸟类。我还听说，多个湿地的观鸟者们还主动帮助政府部门，为鸟类的保护做出不少实实在在的工作。去年我在参加北京翠湖湿地的活动时，看到许多观鸟者一起观察和讨论，大家一起构建的鸟类家园真让人流连忘返。

北京作为全国政治、文化和对外交流的中心，近年来在城市绿化和生态建设等方面取得长足进展，城市的宜居性不断改善，绿色北京、人文北京的理念也越来越深入人心。我身边涌现了很多观鸟爱好者。在我们每天生活的城市中观察鸟类，享受大自然带给我们的乐趣，在我看来，某种意义上这代表了一个城市，乃至一个国家文明的进步。我更认识到，在北京的大自然探索观赏中，除了观鸟，还有许多自然物种和自然现象值得我们去探究及享受观察的乐趣。

"北京自然观察手册"丛书正是一套致力于向读者多方面展现北京大自然奥秘的科普丛书，涵盖花鸟鱼虫、动物植物、矿物和岩石以及云和天气等方方面面，可以说是北京大自然的"小百科"。

丛书作者多才多艺、能写能画，是热心科普与自然教育的多面手。这套书缘自不同领域的10多位作者对北京大自然的常年观察与深入了解。他们是自然观察者，也是大自然的守护者。我衷心希望，丛书的出版能够吸引更多的参与者，无论是青少年，还是中老年朋友们，加入到自然观察者、自然守护者的行列，从中享受生活中的另外一番乐趣。

人类及其他生命均来自自然，生命与自然环境的协同发展是生命演化的本质。伴随人类文明的进步，我们从探索、发现、利用（包括破坏）自然，到如今仍在学习要与自然和谐共处，共建地球生命共同体，呵护人类共有的地球家园。万物有灵，不论是尽显生命绚丽的动物植物，还是坐看沧海桑田的岩石矿物、转瞬风起云涌的云天现象，完整而真实的大自然在身边向我们诉说着一个个美丽动人的故事，也向我们展示着一个个难以想象的智慧，我们没有理由不再和它们成为更好的朋友。当今科技迅猛发展，科学与人文的交融也应受到更多关注，对自然的尊重和保护无疑是人类文明进步的重要标志。

最后，我希望本套丛书能够受到广大读者们的喜爱，也衷心希望在不远的将来，能够看到每个城市、每座校园都拥有自己的自然观察手册。

演化生物学及古鸟类学家
中国科学院院士

目　录

水果和干果观察指导

水果和干果的定义

1 什么是水果

很多人都遇到过这样一个问题，西红柿到底算蔬菜还是水果？答案既复杂又简单：按照蔬菜的吃法吃，西红柿就是蔬菜；按照水果的吃法吃，西红柿就是水果。可是想区分"蔬菜的吃法"和"水果的吃法"又不那么容易，因为蔬菜和水果并没有科学上的严格定义，这只是人们日常生活中的大致分类，并非泾渭分明。《辞海》中对水果的定义更为笼统，即可食用的含水分较多的植物果实。按照日常生活中的标准，还需要加上这几点：具有甜味、酸味及香气，大多数可以鲜食。

2 什么是干果

本书中介绍的干果，泛指含水分少、可以食用的植物果实，也叫坚果，如栗子、榛子、核桃、向日葵等。但要注意的是"坚果"一词有两个含义：一个是日常生活中的含义，即干果；另一个是植物学上的定义，指的是一种特定的"果实类型"，后文会详细介绍。这两个含义有重叠的地方，但也不完全等同。如栗子和核桃都属于日常语境中的"坚果"，但栗子的果实类型属于坚果，而核桃的果实类型就不是坚果，而是核果。

3 本书中物种的选取标准

本书的物种选取原则是：北京市场上比较常见的水果和干果种类，其中有一些是北京本土出产的，如桃、杏、苹果等，也有一些是外地或外国出产，但是在北京容易买到的，如柑橘、鳄梨等。这些物种在书中的排列顺序是先水果再干果，然后再按照各自在被子植物的 APG IV 分类系统中的科序号排序的。

植物果实的结构

1 花的结构

　　植物体一般都有根、茎、叶、花、果实、种子六大器官，绝大多数水果都是植物的果实。果实由花发育而来，要想了解果实的结构，首先需要知道果实的发育过程。

　　实际上，植物的花是高度特化的枝条：枝条中，茎的下半部分就是花柄，不同植物的花柄有长有短，形态不一；上半部分是花托，上面生有花萼、花冠、雄蕊群、雌蕊群这4个参与繁殖的主要结构，花萼、花冠合称为花被。在这些结构里，和果实形成关系最密切的是雌蕊。从外表看，雌蕊从上到下包括柱头、花柱、子房三部分；如果把雌蕊横向切开，我们还能观察到，每一枚雌蕊都是由一个或几个心皮组成。心皮是一种特殊的叶，胚珠和种子生长于心皮边缘，它们着生的部位称作胎座。

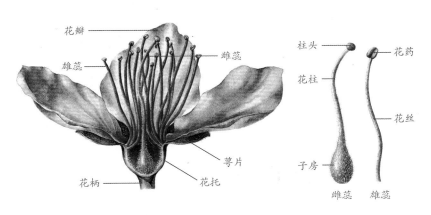

花的结构模式图

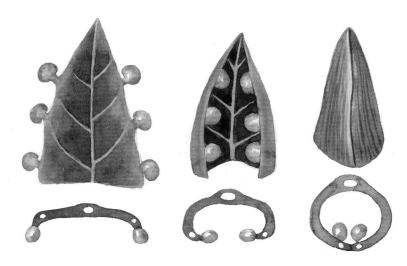

心皮结构模式图

2 果皮

果实的基本结构包括果皮和种子，花在成功授粉之后，雌蕊中的子房壁会发育成果皮，子房中的胚珠会发育成种子。果皮包括三层结构，从外向内分别是外果皮、中果皮和内果皮。有些果实的这三层结构区分明显，有一些也会愈合到一起，难以分开。我们把一些水果横向切开后，还可以观察它们的心皮和胎座。比如，苹果和梨都有5个心皮，横切后会看到五角星般的图案；西瓜有3个心皮，横切后会发现瓜瓤被分成了三部分。另外，有些西瓜由于发生了变异，心皮数会从3个变异成4个，横切后能明显看出来瓜瓤被分成了4份。

桃果实纵切模式图

苹果果实纵切模式图

3 真果和假果

有些植物的果实仅由果皮、种子两部分构成，叫作真果，比如枣、桃、葡萄。有些植物的果实中，除了果皮、种子，还包含了花托、萼片等其他结构，这样的果实叫作假果，比如苹果，它的可食用部位主要是多汁的花托（萼筒），真正的果皮位于果核周围。

4 单果、聚合果和聚花果

有些植物每朵花中的雌蕊只有一个，授粉后发育成一枚果实，这样的果实叫作单果，比如桃、苹果、西瓜等。有些植物每朵花中有许多个分离的雌蕊，每个都能发育成一枚单独的果实，这样的果实叫作聚合果，比如草莓，每颗草莓都是由一朵花发育而来的，草莓上面的每一个小颗粒都是一枚果实，其可食用的肉质部分是花托。还有一些植物，由很多朵花共同形成一枚果实，这样的果实叫作聚花果，比如桑葚、凤梨、波罗蜜等。

桑葚

5 果实的类型

根据果实成熟后的质地和结构，可以将其分成肉果和干果两大类，每一类又分为几种类型。

5.1 肉果类

大部分水果都属于肉果类，包括浆果、核果、柑果、梨果、瓠果等几大类。

浆果的代表是葡萄、番茄、猕猴桃等，它们大多数外果皮薄，中果皮和内果皮多汁、柔软，其中大多数含有多粒种子。不过也有例外，比如鳄梨，它的果实虽然也是浆果，但是其中只有一粒种子。

核果的代表是桃、杏、樱桃、树莓等，它们大多数外果皮薄，中果皮肉质，内果皮骨质、坚硬，这样可以保护内部的种子。内果皮是否呈硬核状，是区分核果和浆果的最主要依据。

柑果是一种特殊类型的浆果，仅见于柑橘类水果，它们的外果皮和中果皮没有明显分界，外果皮表面大多有油腺体，内果皮薄，分成若干瓣，每一瓣的内部有许多肉质化且多汁的表皮毛，这是它们主要的食用部位。也有少数种类，如金橘食用的是外果皮和中果皮。

梨果是苹果、梨等蔷薇科苹果亚科植物特有的果实类型，它属于假果，肉质化的花托包裹在子房壁外面，与果皮愈合成一体，外果皮、中果皮肉质，内果皮革质，分成5室，每一室中都有1～2粒种子。

瓠果是葫芦科植物特有的果实类型，它也属于假果，花托和外、中、内果皮愈合，难以区分开，果实内部多汁的部分是特化的胎座，胎座是种子在心皮上着生的位置。有些瓠果类水果的主要食用部位是胎座，比如西瓜；也有些食用的是花托和果皮，胎座丢掉不吃，比如哈密瓜。

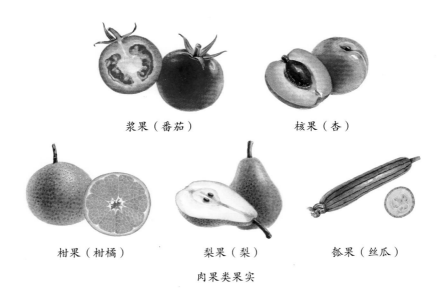

浆果（番茄）　　　　　　　　核果（杏）

柑果（柑橘）　　　　梨果（梨）　　　　瓠果（丝瓜）

肉果类果实

5.2 干果类

干果成熟以后果皮干燥，有些会开裂，称作裂果，也有些不开裂，称作闭果。干果中的水果很少，仅有草莓、酸豆等少数种类。

裂果包括蓇葖果、荚果、角果、蒴果等几大类。

蓇葖果由单心皮发育而来，成熟后果皮沿一边开裂，如梧桐、八角、茴香，此类果实中基本没有水果。

荚果是豆科植物特有的果实类型，由单心皮发育而来，成熟后果皮一般沿两边开裂，如大豆、豌豆，也有少数不开裂，如落花生。荚果中水果不多，酸豆是其中比较常见的一种。

角果是十字花科植物特有的果实类型，由二心皮雌蕊发育而来，成熟后果皮沿两边开裂，中央有一片假隔膜，如萝卜、白菜等，此类果实中基本没有水果。

蒴果由两个或两个以上心皮的雌蕊发育而来，成熟时果皮以多种方式开裂，如榴梿、开心果等。

菁葵果（八角）　　　荚果（大豆）

角果（油菜）　　　蒴果（百合）

裂果类果实

　　闭果包括瘦果、颖果、坚果、翅果、分果等几大类。

　　瘦果的果皮薄而硬，不开裂，内部只有一室，含有一粒种子，果皮与种皮分离，典型的瘦果有草莓、向日葵等。草莓的食用部位并不是果实，而是果实下面的肉质花托。

　　颖果是禾本科植物特有的果实类型，内部也是一室，含有一粒种子，但是果皮和种皮愈合到一起，难以分开，水稻、小麦、玉米、甘蔗等的果实都是颖果。

　　坚果的果皮木质、厚重而坚硬，内部有一室，果皮与种皮分离，如板栗、榛子等。

　　翅果的果皮周围有翅状结构，适于风力传播，如元宝槭，此类果实中基本没有水果。

　　分果的果实成熟后会形成分离的小果，小果的果皮不开裂，如锦葵等，此类果实中基本没有水果。

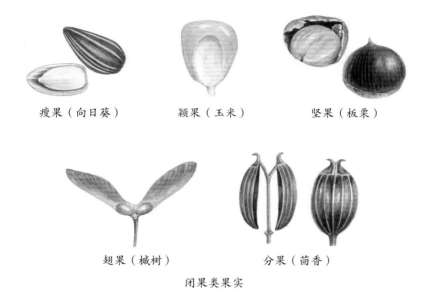

瘦果（向日葵）　　　颖果（玉米）　　　坚果（板栗）

翅果（槭树）　　　分果（茴香）

闭果类果实

　　需要注意的是这些不同的果实类型只是人为的分类，自然界中有不少特例和难以严格划分类型的果实。比如荔枝和龙眼，它们的外壳是三层果皮，中央光滑的核是种子，肉质、多汁的可食用部位是种子外侧的一个特殊结构，叫作假种皮，它们很难被划分到某种果实类型，一般只能说是"果实核果状"。

如何观察水果和干果

　　在市场上见到的水果和干果，基本都是植物体的某一部分而非全体，因此很难从它们身上观察到植物原有的状态，但是我们可以观察到一些更为细微的结构特点。

　　说到观察，最主要的方法就是用眼睛看。我们在观察水果和干果的时候，一般都是拿在手里，直接用肉眼观察就可以了。有些细微的结构，如柑橘类外果皮上的油腺点，可以借助放大镜仔细观察。另外，观察方法还包括用手触摸、用鼻子闻、用嘴品尝等，通过这些方法，我们可以观察到水果和干果的颜色、味道等多方面信息。

用放大镜观察柑橘

1 颜色

水果有着各种各样的颜色，这些颜色主要是由其所含的色素所带来的。水果中常见的色素有叶绿素、类胡萝卜素、花青素和甜菜红素四大类。

1.1 叶绿素

叶绿素的种类很多，在植物中主要是两种，即蓝绿色的叶绿素a和黄绿色的叶绿素b，它们让植物组织呈现出深浅不同的绿色，在光合作用中发挥了重要的作用。叶绿素不易溶于水，性质也不稳定，容易分解。在被紫外线照射时，叶绿素会发出红色反光，因此可以借助验钞机、猫癣灯等设备观察。

1.2 类胡萝卜素

类胡萝卜素是一大类色素的统称，有700多种，它们会让植物组织呈现出不同的黄、橙、红色，如柠檬的黄色主要来源于β–隐黄质、叶黄素和玉米黄素，番茄、西瓜、葡萄柚的红色主要来源于番茄红素，辣椒的红色来源于辣椒红素。类胡萝卜素是脂溶性的，可以溶解在油脂当中，性质比较稳定。人和动物基本都不能合成类胡萝卜素，需要通过食物获得，并且能在身体里积累。在众多的类胡萝卜素中，β–胡萝卜素是维生素A的前体物质，对人体健康有重要意义，所以我们平时应该经常吃一些橙色、黄色的水果和蔬菜。

1.3 花青素

花青素也是一大类色素的统称，它们是水溶性的，在植物细胞中常常与糖类形成花色苷，呈现出不同的蓝、紫、红色调。很多花青素都能随着环境酸碱度的变化而呈现不同的颜色，但是具体的颜色变化情况会略有不同。比如葡萄、蓝莓、黑莓、李子中的矢车菊素，在酸性环境下呈红色，中性环境下呈紫色，碱性环境下呈蓝色。花青素的颜色，实际上在一定程度上反映出了细胞内溶液的酸碱范围。在吃紫色系水果时，可以收集一点果汁或果皮，观察花青素颜色的变化。制造酸性环境，可以在其中滴一点醋、柠檬汁或碳酸饮料；制造碱性环境，可以在其中放一点食用碱面。

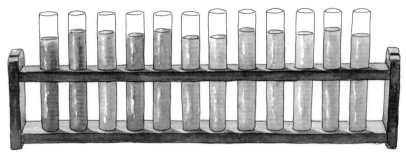

一种花青素类物质在不同pH值条件下的颜色变化

1.4 甜菜红素

有一些植物不能合成花青素，取而代之的是拥有合成甜菜红素的能力。甜菜红素是一类紫红色或深红色的色素。常见的果蔬中，火龙果、甜菜、苋菜的红色都源于甜菜红素。甜菜红素易溶于水，但在人体内不会被消化分解，所以吃下以后会随着大小便排出。甜菜红素在碱性环境中会转变成甜菜黄素，颜色也从红色变成淡黄色。

2 味道

每种水果和干果都有自己的味道。实际上，食物的味道是由许多感觉复合到一起形成的，比如甜、酸、苦、咸、鲜归属于味觉，各种香气归属于嗅觉，辣归属于痛觉等。

2.1 甜味

大部分水果的甜味主要是由蔗糖、果糖、葡萄糖所带来的。总体来说，含糖量越高的水果，味道越甜，但是甜度和含糖量不能完全画等号，这是因为蔗糖、果糖、葡萄糖的甜度不同。蔗糖的甜度适中，如果以它为基准，三者之中甜度最低的葡萄糖的甜度只相当于蔗糖的0.75倍。最甜的果糖的甜度会随着温度变化而变化，0℃时约为蔗糖的1.7倍，40℃以上时会低于蔗糖，这就是很多水果冰镇后会更甜的原因。3种糖在水果中的含量和比例差异会导致其吃起来的甜味有明显差距，比如火龙果的总糖量很高，但是其中葡萄糖含量比较高，蔗糖和果糖比较少，所以吃起来不是很甜，而梨中的果糖含量很高，吃起来就比较甜。

有一些水果的甜味并非完全来源于糖，比如橄榄，刚入口时有苦涩味，过一段时间会回甘，口腔中会出现淡淡的甜味，这种甜味的来源除了糖类外，还有一些是具有甜味的氨基酸。罗汉果的甜度很高，不是因为其含糖量高，而是其中含有一种叫作罗汉果甜苷的物质，它不是糖，但甜度是蔗糖的数百倍。

2.2 酸味

很多水果都带有酸味，这主要是由柠檬酸、苹果酸、酒石酸等有机酸所带来的。一般来说，水果的酸味会掩盖甜味。比如，荔枝和枣的含糖量都很高，然而荔枝的酸度低，枣的酸度高，导致荔枝吃起来一般比枣甜。再如，柠檬和西瓜的含糖量相近，都是比较低的水平，但由于柠檬中酸味太强，所以基本尝不出甜味来，而西瓜吃起来就比较甜。

关于水果的酸味，还有一件事情值得注意。由于早期的远洋航船会给水手准备柑橘、柠檬、青柠等酸味水果补充维生素C，再加上维生素C本身也是酸的，所以很多人都以为酸味水果的维生素C含量高，实际并非如此。水果的味道和维生素C的含量没有严格的对应关系。同样属于柑橘类，甜橙和柠檬的维生素C含量基本一致，在水果中属于中上水平，维生素C含量比它们更高的水果有枣、草莓、沙棘、猕猴桃等，而苹果、梨、桃等水果，不管酸甜，维生素C的含量都很低。

维生素C本身溶于水，我们不容易在水果中直接看到，不过可以借助淀粉和碘伏来观察。将淀粉和水混匀后，再加入碘伏会变成蓝紫色，而维生素C能让已经变色的淀粉褪色，所以可以根据这个原理，来观察水果中的维生素C。维生素C含量高的水果，只需要少量的果汁就能让淀粉的蓝紫色褪去。

2.3 苦味

绝大多数水果的可食部分都没有苦味，因为苦味物质一般是植物用于抵御动物取食的，而水果是依靠香甜的味道来吸引动物食用，从而帮助植物传播种子的。不过，也有少数水果本身就带有轻微的苦味，其来源物质各不相同，比如"猫山王"等榴莲品种是因为苯丙氨酸、异亮氨酸等氨基酸而略有苦味，柠檬的苦味是源于柠檬苦素和柠檬苦素类糖苷，柚子、葡萄柚的苦味则是源于柚皮苷。这些苦味物质一般不会使水果变得难以下咽，反而可以提高味道的层次感，受到很多人的欢迎。但是，如果本来不应该有苦味的水果出现了苦味，就属于异常情况了，如发霉变质等，这时最好不要再吃了。

2.4 涩味

涩味本质上并不属于味觉，而是一种触觉，很多水果在成熟前都有涩味，有一些水果熟了以后涩味也不会完全消失。大部分水果的涩味来源于鞣酸，鞣酸也叫单宁、丹宁，有可溶和不溶两种状态，可溶性鞣酸会使口腔黏膜中的一些蛋白质凝固，让人感觉到涩。很多柿子刚成熟时都含有大量的可溶性鞣酸，所以吃起来很涩，经过脱涩处理后，可溶性鞣酸转变成不溶性鞣酸，就不会带来涩味。在这种不涩的甜柿子里，我们经常可以看到黑色的斑点，那并不是柿子坏了，而是析出的不溶性鞣酸。

3 观察水果的生长过程

吃完水果以后，大都会剩下种子，其中有不少种子能在家庭环境中种植发芽。我们可以把这些种子种到花盆里，观察其幼苗的生长过程，适于这样种植的水果有柑橘、荔枝、龙眼、酸豆、杧果、火龙果等，它们往往还有不错的观赏价值，可以作为盆栽绿植养在家里，只不过难以结果。

荔枝种子种到花盆里，观察其在花盆中的生长过程

观察、鉴定和记录

1 观察时的注意事项

　　我们在北京能够观察到水果和干果的地方，大多数都是在市场、厨房、餐厅等场合，不像观察野生植物那样会遇到许多意外事件，一般比较安全，最需要注意的就是避免浪费。水果和干果的许多结构特点，在观察时不需要消耗整个果实，比如果汁的颜色，只需要取一小块果实就可以。观察过程中也应注意卫生，这样在观察结束后，还能食用的部分就不必丢弃了。

2 鉴定和记录

　　我们在观察野生植物时，经常不能确定种类，这时需要拍下照片或记录其特征，之后再对比图鉴检索或向相关人士请教等。观察水果和干果一般来说不会遇到这种情况，因为我们可以很容易地通过商品名查询出其基础信息。

　　如果该物种是北京本地种植出产的，还可以在《北京植物志》《北京果树志》等书中找到更为详细的描述。如果是外地出产的，也可以去查询《中国植物志》，推荐使用其在线平台，网址为http://www.iplant.cn。

　　需要注意的是很多出版年代较早的专业书籍，其中采用的植物分类系统为旧系统。例如《北京植物志》和《中国植物志》，它们都采用了"恩格勒系统"，但如今学界更倾向于使用新的分类系统，本书中也采用了最新的APG Ⅳ分类系统。在不同的分类系统中，一些物种的科属名称可能有所不同，甚至少数物种的拉丁学名也有调整。

　　如果观察到了自己认为值得记录下来的结果，我们也可以通过文字、绘图和摄影的方式将其记录保留下来。在绘图或拍照时，最好选取多个角度，如横切、纵切等，这样可以记录更为详尽的信息。

3 关于物种和学名

在阅读本书时，或在查阅其他一些资料文献时，会看到这样几个常见的词汇：学名和邦名（中文正式名、别名、拉丁学名）；物种、亚种、变种、杂交种和品种。下面对这些词汇进行简单的解释和说明。

3.1 学名和邦名

根据《国际植物命名法规》规定，一个独立的物种，有且仅有一个"学名"，这个名称是全世界通用的，由两个拉丁词组成。比如，苹果的学名是 *Malus pumila*，在印刷时学名通常用斜体。两个拉丁词中，前一个是属名，后一个是种加词。如果同一篇文章中反复出现同一个学名，在第二次及之后出现时，属名可以简写为首字母后加"."，如苹果的学名简写为 *M. pumila*。

除了唯一的学名之外，其他用任何语言描述的名字，无论它的应用多么广泛，都被称为"邦名"，也叫俗名、别名。就像苹果的中文正式名是苹果，英文正式名是 apple，日文正式名是リンゴ，但这些都不是它的学名。

本书中物种的中文正式名通常和《中国植物志》中选定的中文名相一致，这是为了在交流、沟通时方便准确。但有时《中国植物志》存在一些局限性，有可能是由编写的时代背景造成的，也有可能是在出版后相关的植物类群发生了变动。例如阳桃，在编写《中国植物志》时，选用了明代《本草纲目》中记载的"阳桃"一词作为中文正式名，但实际上现在我国各地大多都把它写作"杨桃"。再如杧果，《中国植物志》中选用的中文正式名是"杧果"，这个名字实际上是外来语的音译，在汉语中并无实际含义，最开始的学者可能是认为杧果生长在树上，所以用木字旁的"杧"，不过现在几乎所有地方都把它写作"芒果"。像这类情况，我们可以做一些了解，但不必强求所有人都必须根据书本更正。本书中使用的名称，绝大多数都以《中国植物志》为准，但有少数和常用名相差过大的，选用的是常用名，以方便查阅，如开心果，在本书中就没有选用《中国植物志》中的正名阿月浑子。

3.2 物种、亚种、变种、杂交种和品种

究竟什么是一个合格的"物种"，这是个非常复杂的问题，相关的科学家直到如今依然为此展开很多研究和讨论。简单来说，物种的概念可以这样说：一个独立演化的集合种群世代，或者这个世代的一部分。

具体到判断一个物种时，在不同时代、持有不同观点的科学家，主要的关注点和参照的依据有时也有不同。比如有人认为两个物种之间，要有可以观察到的形态差异，而有人认为，不同的植物物种之间，不能利用对方的花粉来产生果实和种子，还有人认为，物种应该有地域上或生境上的彼此隔离，近年来也有越来越多的人认为，不同物种之间要有分子方面的差异作为判断依据。这些依据往往并不是独立的，而是要彼此结合起来，综合判断。

除了物种之外，本书中也出现了亚种、变种、品种等说法，它们都是比物种的等级要低的分类单位。

亚种指的是在同一物种中，不同的一些植物可能具有形态上的差别，同时在地理分布上、生态上、发生的季节上有明显不同。在书写时，物种的拉丁学名之后，加上正体的subsp.，再加上斜体的一个拉丁词，作为亚种的学名。例如，"稻"这个物种的学名是 *Oryza sativa*，它又可分为籼稻和粳稻两个亚种，学名分别写作 *Oryza sativa* subsp. *indica* 和 *Oryza sativa* subsp. *japonica*。

变种指的是在同一物种中，有一些植物可能具有形态上的差别，这种差异比较稳定地出现，但和原来的物种之间的地理分布等差别较小。在书写时，物种的拉丁学名之后，加上正体的var.，再加上斜体的一个拉丁词，作为变种的学名。例如，山里红的学名是 *Crataegus pinnatifida* var. *major*，它是山楂的变种，相对于山里红的"原版"山楂，此时就可以称作山楂的原变种。

在本书中，书写植物的拉丁学名时，有可能在两个拉丁词之间，出现一个叉号（×），表明这个物种是杂交物种，有可能是天然杂

交的，也有可能是人工杂交而来的。如草莓，学名写作*Fragaria* ×
ananassa，说明它是一个杂交种。

此外，本书中涉及大量的栽培植物，会经常用到"品种"一词，
这表示该植物并不是一个独立的物种，而是通过自然变异或人工选
育出来的、具有相对稳定性状的个体或群体。根据《国际栽培植物
命名法规》，俗称的"品种"的正式说法应该叫"栽培变种"。在书
写时，栽培变种的名称不用斜体，开头字母要大写，而且不一定必
须用拉丁文。

如果栽培变种是由某个物种培育而来，书写时就在那个物种的
拉丁学名后面，直接加上栽培变种的名称，并将这个名称用单引号
引起来。值得注意的是栽培变种名不一定都要写成罗马字母，可以
使用品种注册时用的原始语言，如果冻橙注册时的栽培变种名叫作
愛媛果試28号，那么学名就可以写成*Citrus* '愛媛果試28号'。如
果要转写成罗马字母，则不应该翻译，而是直接按照原始语言的罗
马注音转写，并且首字母大写。比如温州蜜柑，它是柑橘的一个栽
培变种，学名可以写作*Citrus reticulata* 'Unshiu'。

如果栽培变种不是由某个确定的物种培育而来的，而是由于栽
培历史久远，经过多次杂交，难以追溯到它的明确亲本了，但可以
确定是来自这个属的某些物种，这样就要在属名后面直接加上栽培
变种的名称。例如黑莓的品种"三冠王"，它的名称就写作*Rubus*
'Triple Crown'，只有悬钩子属的属名，没有具体物种的拉丁学名。

有时候，我们使用的中文名泛指一个分类类群内的许多物种或
栽培变种，为了方便起见，可以用正体的spp.来代替种加词，如
"蓝莓"对应杜鹃花科越橘属中的多个物种，它的学名就可以写作
Vaccinium spp.。

水果的发育成熟

　　植物的果实担负着保护种子和帮助种子传播的双重任务，种子是植物新生命的起点。大部分植物的种子中都储存了养分，用于之后的生根发芽，同时也是各种动物觊觎的美食，所以在种子成熟前，植物要尽可能地防止种子被动物吃掉，这个任务中的很大一部分责任就落在了果实身上。

　　很多水果在成熟前外皮都是绿色的，这样水果可以隐藏在绿叶中间，不容易被动物发现。如果被发现了，植物也留有后手。一般来说，水果还未成熟时，细胞之间含有大量难溶于水的原果胶，它们就像胶水一样，把细胞紧密地黏合到一起，这样的果实吃起来很硬，一些植物的未成熟果实中，还储存了少量淀粉，进一步增加了果实的硬度。另外，未成熟的水果中，往往含有大量的酸味和涩味物质，这种又酸又涩又硬的生果，让很多动物尝过一口就会将其抛弃掉，不会再继续吃树上的其他果实。

　　等到种子发育成熟后，果实的主要工作也随之变成了协助种子传播。不同植物的果实，传播种子的方式也不一样，比如有些果实能挂在动物身上，有些能随风飘散，还有些能把种子弹走。能够结出水果的植物，大多采用的是吸引动物取食果实，然后让其种子随动物粪便传播，它们的种子一般都有坚硬的种皮，可以抵御动物胃肠道的消化作用，同时植物果实本身也随着种子的成熟，变得更能吸引动物。

　　很多水果在成熟过程中，外皮细胞中的叶绿素会逐渐分解，同时会积累花青素、甜菜红素、类胡萝卜素等物质，使水果呈现出深浅不同的黄、橙、红、紫色，在绿叶的映衬下非常显眼。此时，果实细胞间的原果胶也会逐渐分解成水溶性果胶，使果实软化，涩味物质含量降低，一些酸味物质和淀粉转化成甜味的糖分储存在细胞中，还会生成一些芳香物质，让果实变得香甜可口，诱使动物在采食后，顺便帮果树传播了种子。

　　有一些水果还具有后熟现象，比如苹果、梨、柿子、杧果、香蕉、榴梿、鳄梨、波罗蜜、猕猴桃等，它们被采摘下来后，还能继续发育成熟，所以可以在完全成熟前采摘。购买这些水果时，如果要当天吃，那就挑软一点、熟一点的；如果要过几天再吃，可以挑生一点的。也有一些水果没有后熟现象，典型的有草莓、杨梅、葡萄、凤梨、柑橘、阳桃等，它们被摘下来时熟到什么程度，以后就一直是什么程度，这些水果只能放坏，不能放熟，所以如果要想好吃，就一定要挑全熟的买。但是全熟的果子往往储存期很短，所以买来后要尽快吃掉，以免变质。

水果的驯化

　　人类最初吃的水果都是从野生植物上采摘的，后来出现了农业，人们开始种植果树，并且选育新品种，让其结出的果子更甜、更香或具有更多的可食用部分，因此很多水果与它们的野生祖先有很大的差别。比如西瓜，它的原产地在非洲北部，野生的西瓜果实直径只有10厘米左右，瓜瓤为淡黄色或淡绿色，虽然也有汁水，但是果实比较硬，味道也不甜，反而带有苦味。距今四五千年前，古埃及人开始驯化和种植西瓜，经过了数千年的选育，才有了我们现在吃到的那些甜而多汁的红瓤、黄瓤西瓜。

　　不同地区的人们，有着不同的饮食习惯，所以在水果的选育方向上也会出现差异。比如草莓，我们现在吃的草莓都是杂交种。欧洲人喜爱草莓的芳香，并且喜欢富有层次感的味道，认为草莓本来就该是一种酸味水果，所以育种时就没有在提高草莓的甜度方面下太大功夫。而日本人喜欢甜味，所以就培育出了许多高甜度的草莓品种。由于日本人培育的草莓品种更贴近于中国人的口味，所以现在国内种植的草莓大多数都是日本品系。

北京常见的水果和干果

番荔枝

拉丁学名：*Annona* spp.

别名：释迦果、林檎

分类类群：番荔枝科 番荔枝属

形态特征：乔木；叶椭圆状披针形；花黄绿色；聚合浆果圆球形，表面黄绿色或紫褐色，有鳞片状凸起。

主要食用部位：外果皮、中果皮、内果皮

番荔枝这一类的水果原产于美洲热带地区，最早传入我国是在明末清初时期，由荷兰人带入台湾，随后传入广东、福建等地。1762年的《澄海县志》中，记载了番荔枝的别名，有释迦果、番梨等，其中"释迦果"一名描述的是番荔枝的表皮形似佛头，至今仍在使用。番荔枝属中许多种植物的果实都能作为水果食用，北京市场上比较常见的是凤梨释迦。凤梨释迦是一个杂交种，果大味甜，

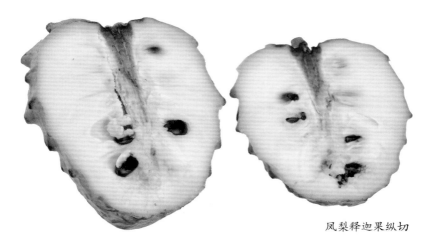

凤梨释迦果纵切

食用价值高，不同果实外皮上的凸起形状不一，有的隆起明显，也有的比较平。不管是哪种番荔枝，都必须要完全成熟后才会变得软滑香甜，如果没熟透则质地坚硬，吃起来会淡而无味。如果买到了这样的番荔枝，只需要在室温下放置一两天，等它变软就可以吃了。不过要注意，番荔枝软熟后会很快发黑变质，一定要尽快食用，实在吃不了的话，可以密封冷冻，防止腐烂。

番荔枝果枝

鳄梨

拉丁学名：*Persea americana*

别名：牛油果

分类类群：樟科 鳄梨属

形态特征：乔木；叶长圆形或倒卵形；花黄绿色；浆果核果状，梨形，凹凸不平，黑绿色。

主要食用部位：中果皮

　　鳄梨原产于美洲热带地区，我国大陆地区近年来才开始少量引种，尚不能完全满足市场需求，目前市场售卖的鳄梨基本都是进口产品。鳄梨的果实形状像梨，表皮粗糙像鳄鱼皮，故而得名，它的果肉中脂肪含量非常高，不甜不酸，也没有明显的香气，口感很像黄油，所以其英文名叫作butter pear，中文名也可以译作"牛油果"，多用于制作沙拉、酱料、饮料等，比起水果来，吃法更接近于蔬菜。鳄梨所含的脂肪中，大部分是对人体有益的单不饱和脂肪酸，可以用来替代动物油等不太健康的油脂。鳄梨完全成熟后，皮肉会变得非常软，一碰即烂。在原产地，人们都是在成熟前将其摘下，让它在运输过程中慢慢变熟。我们在市场上见到的鳄梨，颜色越绿的就越生，颜色越黑的就越成熟。如果是买回去当天吃，应该挑选颜色发黑的，如果要过几天再吃，就可以买绿一些的。

鳄梨果枝

　　鳄梨的果实内部有一个大而圆的核，许多人都以为它的果实类型属于核果，其实不然，按照植物学中的定义，核果的内果皮应该是坚硬、骨质，而鳄梨没有这样的结构，所以鳄梨的果实是浆果，而非核果。吃剩的鳄梨果核，可以种在土里，生根发芽后能长成小盆栽。

不同成熟度的鳄梨

椰子

拉丁学名：*Cocos nucifera*

分类类群：棕榈科 椰子属

形态特征：植株乔木状；茎高大，叶、花、果长在茎顶；叶羽状全裂；核果卵球形，大型。

主要食用部位：胚乳

　　椰子生长于热带和亚热带地区的海边，依靠洋流和海浪传播种子，它们厚实的果皮可以保护内部的种子不受海水侵蚀，中果皮纤维发达、质地疏松，密度比较小，可以帮助果实漂在海面上。北京市场上常见的椰子一般都去掉了外果皮，中果皮被削成了适于码放的形状，称作椰青，在南方沿海地区，比较容易见到完整的椰子果实。

　　椰子的可食用部位是其种子中的胚乳，包括两部分：一部分是外

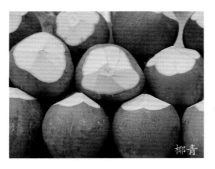

椰青

椰子的固态胚乳

层贴着硬质内果皮（椰子壳）的固态胚乳，也叫椰肉，质地坚韧，富含脂肪，可以鲜食，一般都被加工成了椰蓉、椰奶等椰子制品，人们常说的"椰子味"就是指椰肉的香味；另一部分是椰肉内部空间里充满的液态胚乳，也叫椰子水，可以用吸管喝，味道清淡微甜。如果放置过久，椰子水会被种子中的胚完全吸收，这时可以把椰子砸开，吃其刚刚发育的胚。一些茶饮店中常会用到椰果，这些椰果并不是椰子的直接产物，而是用椰子水作为培养基（现在也会用人工配制的液态培养基）培养木醋杆菌，再由木醋杆菌制造而成的凝胶状多糖物质。

椰子树

椰子结果植株

蛇皮果

拉丁学名：*Salacca edulis*

分类类群：棕榈科 蛇皮果属

形态特征：植株灌木状；茎生有长刺；叶羽状全裂；浆果外有蛇皮状鳞片，棕褐色。

主要食用部位：种皮

　　蛇皮果是一种近年来新兴的热带水果，因为其表皮布满鳞片，形似蛇皮，故而得名。它原产于亚洲热带地区，我国南方有少量引种，不过在市场上所见到的蛇皮果绝大多数都是从印度尼西亚等国进口的。蛇皮果和椰子一样，也是棕榈科植物，但是它们的植株比较矮小，果实长在树上较低的位置。自然成熟的蛇皮果果肉口感是脆的，而且味道酸甜，还有一种淡淡的特殊气味，有人认为这种特殊气味是香的，也有人觉得像脚臭味。蛇皮果采摘以后的储存期比较短，容易发酵变质，此时会产生酒精，还会带有一种类似汽油、油漆的气味。购买蛇皮果时要注意挑选外壳坚硬的，会比较新鲜，如果已经发软，说明它开始变质，不好吃了。剥蛇皮果的皮时，可以用手在"尖头"处捏破，然后就可以轻易撕下外皮。

市场上的蛇皮果

海枣

拉丁学名：*Phoenix dactylifera*
别名：椰枣
分类类群：棕榈科 海枣属
形态特征：植株乔木状；茎高大；叶聚生茎顶，羽状全裂；叶、花、果实长在树干顶端；浆果核果状，椭圆形，橙黄色。
主要食用部位：外果皮、中果皮

　　海枣的植株形状像椰子树，结出的果实形状像枣，故而俗名叫作椰枣，古时也叫海棕，这里"海"的意思是指"从国外传来的"。海枣原产于西亚地区，唐代随着西域商人传入我国，当时叫作海棕，杜甫就写过一首诗叫《海棕行》，描写的是四川江边种植的海枣树。海枣最初传入我国时，主要是作为观赏植物而被栽培，出土的唐代瓷器上也有海枣纹，一般认为，这些瓷器是用于出口到西亚的。

　　在西亚，海枣是非常重要的农作物，它的果实含糖量非常高，能达70%～80%，鲜食也如同蜜饯一般。在气候炎热的原产地，海

海枣果核

枣可以挂在树上直接变成果干，颜色也会从橙黄色变成红褐色，糖分会被进一步浓缩，唐代《酉阳杂俎》中对它的描述是"状类干枣，味甘如饧"，饧就是饴糖，可见其甜度之高。在20世纪60—70年代，我国曾经进口过很多干海枣，当时的商品名叫"伊拉克蜜枣"，后来逐渐少见。

海枣树

香蕉

拉丁学名：*Musa* spp.
别名：芭蕉
分类类群：芭蕉科 芭蕉属
形态特征：高大直立草本；地下有匍匐茎，地上有叶柄聚成的假茎；
叶片长圆形；花序下垂；浆果成排生长，圆柱状，黄色。
主要食用部位：中果皮、内果皮、胎座

　　我们一般说的香蕉，指的是芭蕉科芭蕉属植物中所有果实可食的种类，它们的祖先是两个野生种，一个叫小果野蕉（标记为AA），另一个叫野蕉（标记为BB）。我们通常见到的黄色大香蕉，品种名叫作华蕉，也叫卡文迪许，它是小果野蕉的三倍体（标记为AAA），种子不发育，最早出现于我国南方，目前是世界上产量最大的水果香蕉。

　　近年来，北京市场上还能见到一种贵妃蕉，果实形状比较直，

贵妃蕉（丑蕉）

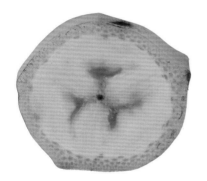

香蕉横切（摄影：唐志远）

香蕉种子

皮比较薄，外表常带有黑斑，也叫丑蕉，它也是小果野蕉的三倍体品种。贵妃蕉在1984年被发现于我国云南河口，味道与华蕉略有不同，更偏酸一些。

　　此外，北京市场上常见的香蕉还有皇帝蕉（AA）、粉蕉（ABB）、大蕉（ABB）等。其中，皇帝蕉属于野生品系，在香蕉家族中比较稀少，粉蕉、大蕉这些带有野蕉血统的品种一般统称为芭蕉。有人说香蕉和芭蕉的区别在于果皮上棱的数量，这个说法不对，香蕉的棱是生长过程中互相挤压出现的，与品种无关。香蕉一般都是七八分熟的时候就被采摘下来，到零售地再催熟，如果买到了表皮带有青色的半熟香蕉，可以在室温下放置一两天，就能自然成熟，最好不要放在冰箱里，否则皮容易变黑。

香蕉花序

目前市面上常见的香蕉品种，种子都不发育，果肉中央有时可见一些黑色小颗粒，那就是未发育的种子。不过，在一些野生香蕉的果实中，可以看到发育完全的坚硬种子。

香蕉果序

香蕉假茎

香蕉植林

凤梨

拉丁学名：*Ananas comosus*

别名：菠萝、黄梨

分类类群：凤梨科 凤梨属

形态特征：直立草本；叶条形，边缘常有锐齿；花紫色，下有淡红色
苞片；聚花果橙黄色或绿色。

主要食用部位：花托、苞片、花序轴

　　凤梨原产于美洲热带地区，后传入欧洲，大约于17世纪被葡萄
牙人引种到中国澳门，我国从此就有了凤梨。每个凤梨并不是一个
独立的果实，而是由许多果实组成的聚花果，上面的每一个"小格"
就是一个果实。将凤梨切开后有时能看到白色的小粒状结构，那是
它残存的种子，中央比较硬的芯是它的花序轴。

　　很多人认为菠萝和凤梨是不同的植物，其实它们只是同物异名，
这种植物在我国大部分地区都只叫"菠萝"，在闽台地区叫"凤梨"，
因与闽南语中的"旺来"谐音，就有了吉利的含义，而东南亚的华
语地区称之为"黄梨"。北京市面上和菠萝相区分的所谓"凤梨"，
实际只是"金钻"等品种。很多人吃凤梨都会感觉到"扎嘴"，这主
要是因为它含有针状的草酸钙晶体，传统的盐水浸泡法并不能起到
太大作用。草酸钙晶体的含量和品种有关，"金钻"等品种中的含量
比较少，所以吃起来就不容易感到"扎嘴"。凤梨的花序轴顶端生有

一丛叶，俗称"凤梨头"，砍下来后浸泡在浅水中，有可能会生出根来，然后将其移栽到土中，可以长成一棵完整的凤梨植株。

　　北京市场上出售的凤梨，经常在未完全成熟时就被采摘下来，运到零售店后再催熟，品质时有波动。还有一种"手撕菠萝"，它实际就是一些完全成熟后才被采摘下来的优良品种凤梨。

凤梨花序

发育中的凤梨果序

甘蔗

拉丁学名：*Saccharum officinarum*
分类类群：禾本科 甘蔗属
形态特征：直立草本；茎紫红色、高大；叶条形，边缘有锯齿。
主要食用部位：茎

　　甘蔗原产于亚洲热带地区，是世界上最主要的产糖作物，它的茎秆内含有丰富的蔗糖，榨出汁后可以加工成白糖、红糖、冰糖等食用糖。由于喜热怕冷，所以甘蔗只能在温暖的南方地区种植，北方不产甘蔗。一般来说，甘蔗是从秋季天凉后开始积累糖分，所以北京地区在市场上能见到甘蔗的时间都是秋冬季节。

　　甘蔗的吃法比较特别，一般是先把整根甘蔗砍成小段，然后削去皮咀嚼吸吮其中的糖汁，再吐出渣子，现在也有用机器现榨甘蔗汁的。不管哪种吃法，在食用前都要注意观察甘蔗是否变色，如果内部变红，说明其发生了真菌感染，这样的甘蔗含有毒素，误食后会损伤人的神经系统，严重时可致死，且目前尚无医治的特效药。在我国，常见可食的甘蔗属植物还有竹蔗，它的茎秆多为灰黄

色或黄绿色,纤维多、外皮厚,在制糖方面不如甘蔗耐贫瘠,更容易种植,广东一带喜欢喝的竹蔗茅根水,主料之一就是它。

市场上的带皮甘蔗

甘蔗植株

041

醋栗

拉丁学名：*Ribes spp.*
别名：茶藨子
分类类群：茶藨子科 茶藨子属
形态特征：灌木；花黄绿色或紫红色；浆果球形，红色、乳白色或紫黑色。
主要食用部位：中果皮、内果皮

　　醋栗是茶藨子属水果的统称，这类植物喜凉怕热，在欧洲较为寒冷的地区被广泛种植和食用，如欧洲茶藨子（鹅莓）等，在我国多为野果，主要出产于东北和西北地区，北京市场上偶尔可见。其中，红醋栗（红茶藨子）一般是以盒装鲜果或冷冻品的形式销售，颜色有红、白两种，红醋栗的颜色鲜艳可爱，现在很多蛋糕店都喜欢将其成串放在蛋糕表面作为点缀。黑色的黑加仑（黑茶藨子）大多加工成果干或者饮料，鲜果很少见。醋栗的果实味道很酸，有些还有涩味，这可能也是其名字中"醋"字的来源，所以它虽然有莓果的香味，但也不适于鲜食，在欧洲一般是熬制成果酱来食用的。

不同颜色的醋栗

因为醋栗是欧美人熟悉的酸味水果，所以同样带有酸味的中华猕猴桃最早进入欧美市场时，被取名为"中国醋栗"，后来因销路不好，才改名"奇异果"。

欧洲茶藨子果枝

红醋栗果枝

葡萄

拉丁学名：*Vitis vinifera*
分类类群：葡萄科 葡萄属
形态特征：木质藤本；叶掌状浅裂；花淡绿色；浆果球形或椭圆形，
绿色、红色或紫色。
主要食用部位：中果皮、内果皮

　　葡萄起源于西亚地区，大约于西汉时期经由西域传入我国，直到今天，新疆仍然是我国重要的葡萄产地。有些古书中说葡萄是由张骞或李广利带来的，这都是后人的附会，《史记》《汉书》等当时的文献中只说了是"汉使"带回，并未提到具体人名。最晚在清代，北京地区就已经开始广泛种植葡萄了，郊区有很多葡萄园，旧时四合院中也经常会搭葡萄架，到了秋天，葡萄还是传统的时令水果。葡萄的品种非常多，根据作用不同，可以分为果用和酒用两类，二者的区分并非泾渭分明，很多品种既可以酿酒，也可以鲜食。

　　北京地区过去栽培最多的葡萄是"玫瑰香"，它是英国培育的品种，大约在20世纪初期传入北京，原名叫Muscat Hamburg，是由Muscat of Alexandria（白玫瑰香）和Black Hamberg（黑汉堡）这两个亲本各取一词拼成的。英语中的Muscat原本是"麝香"的

"夏黑"葡萄

意思，用来描述一些水果浓郁而特殊的香气，如葡萄、甜瓜等，我国引进时把它翻译为"玫瑰香"。"玫瑰香"的果实个头适中，深紫红色，有浓郁的玫瑰香味，但是由于种植太过广泛，所以品质浮动较大。再加上近年来有许多优质的新品种开始流行，所以"玫瑰香"在市场上渐渐变得不那么主流了。

"巨峰"是日本在1937年培育的葡萄品种，在1959年引入北京，种植量也很大。"巨峰"这个名字指的是日本的富士山，因为培育它的研究所就在富士山附近。到了今天，它已经成为世界范围内种植面积最大的葡萄品种了，其中有90%都是我国出产的。巨峰葡萄最明显的特点就是大，是北京常见的葡萄里单粒最大的品种，果实直径可达3厘米，颜色紫黑，有一种类似草莓的香气。它的外皮也比较厚，这既是优点也是缺点，优点是剥皮容易，缺点是连皮吃的时候口感不太好。巨峰葡萄在种植时需要及时疏花疏果，一串上最好只有30～40枚果实，如果让所有的果实都一起发育，很容易使品质下降。

市场上还有一类名叫"提子"的水果，这个名字源于粤语，它们其实也是葡萄，只不过和"玫瑰香""巨峰"等为人熟知的葡萄品种不一样，它们的果肉比较脆，果皮薄，很难剥下来，吃的时候也不用吐皮。根据表皮颜色不同，人们把提子还分成了红提、青提、黑提等类别，这并不是它们真正的品种名。比如红提，北京市场上

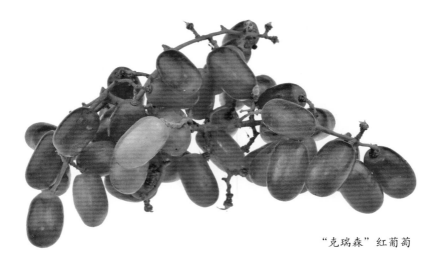

最常见的品种是"红地球"，黑提有"瑞比尔""黑大粒"等。云南出产的"夏黑"葡萄肉质脆、果皮难剥，也可以算作是黑提，不过它的外皮比较厚，吃起来涩味明显。葡萄的紫色和红色都源于其中的花青素类物质，它们易溶于水，会保留在葡萄汁、葡萄酒里，用紫色、红色葡萄带皮酿出的酒就是红葡萄酒，如果去皮或是用不含花青素的绿色葡萄酿出来的酒就是白葡萄酒。

"阳光玫瑰"是近年来新兴的葡萄品种，它皮薄、肉脆、无籽、香气浓郁，而且含糖量也很高。这种葡萄是日本在2006年培育出来的，原本的品种名叫作Shine muscat，直译为"阳光麝香葡萄"，我国参照"玫瑰香"葡萄的译名，意译为"阳光玫瑰"，有时也会用Shine音译的名字"香印"。现在，"阳光玫瑰"在我国云南一带有种植，市场上也很常见，购买的时候尽量选择颜色绿中泛黄的，这样的果实成熟度比较高，也更好吃。日本冈山县有一个优质的"阳光玫瑰"品牌，名字叫"晴王"，它的名气很大，截至2021年，日本的葡萄并不在我国合法进口名录里，所以国内市场出售的所谓"晴王"葡萄，要么不是正品，要么是非法途径引入的。

葡萄干

新疆是我国最大的葡萄产区，除了新鲜葡萄，葡萄干也是一大

"阳光玫瑰"葡萄

葡萄干

主要产品，人们把葡萄阴干或晒干，使其脱水，糖分进一步浓缩，好的葡萄干中含糖量可以超过60%。葡萄品种不同，葡萄干也有不同的外观和味道，无核白葡萄制成的葡萄干为黄绿色，甜中带酸，完全无核，在北京最为常见；木纳格葡萄和马奶子葡萄晒出的葡萄干为红棕色，甜度很高，但是有核。北京传统的小吃，比如油茶、艾窝窝、果子干儿、萨其马中，都会加入葡萄干作为配料。

葡萄果枝

葡萄花序

酸豆

拉丁学名：*Tamarindus indica*

别名：酸角、罗望子

分类类群：豆科 酸豆属

形态特征：乔木；偶数羽状复叶，具20～40小叶；花黄色，有紫红色条纹；荚果圆柱状，不规则缢缩，棕褐色。

主要食用部位：中果皮

  酸豆也叫酸角、罗望子，原产于非洲热带地区，后来传入亚洲，我国最晚在明代就已有把它作为食物和草药的记载了。酸豆的外壳干硬，剥开后就能看到种子周围包裹着的肉质中果皮，这就是它的食用部位，其中含有大量酒石酸，生食味道很酸，在云南、海南等地会用它制作成果汁、蜜饯或酸角糕等零食，也可以作为菜肴的酸味调料。由于我国传统的酸豆品种主要表现为酸味，所以叫作酸角，后来又从泰国引进了一些肉厚、味甜的品种，一般称之为甜角。酸豆种子的生命力很强，不仅是新鲜酸豆的种子，很多酸豆蜜饯中的种子都还保留着发芽活性，吃过之后种子可以尝试盆栽，或许能够长成小型绿植。

酸豆加工成的蜜饯

酸豆种子

酸豆果枝

苹果

拉丁学名：*Malus pumila*
别名：柰、西洋苹果
分类类群：蔷薇科 苹果属
形态特征：乔木；叶椭圆形，花白色；梨果近球形，红色、黄色或绿色。
主要食用部位：花托

　　北京地区栽培苹果的历史悠久，最早见于明代《群芳谱》一书，其中说"苹果出北地，燕赵者尤佳"，但是这里的"苹果"并不是现在我们所熟悉的苹果，而是指绵苹果，《群芳谱》对它的描述是"香闻数步，味甘松，未熟者食如棉絮，过熟又沙烂不堪食"。一直到清末，这类绵苹果在北京主要的用途还是放在室内闻香味，而不是食用，由于其经济价值低，现在已经基本绝迹了。

　　我们现在吃的苹果是新疆野苹果和欧洲野苹果这两种野生植物的杂交后代，1870年引入山东烟台，1906年在北京最早引种，种植于当时的中央农事试验场，也就是现在的北京动物园。到了今天，北京郊区很多地方都有苹果果园，现在石景山区还有"苹果园"这一地名，据明代《京师五城坊巷胡同集》记载，当时北京城西有许多居民专以种植苹果等果树为业，称作"果户"，在诸多果户村中，

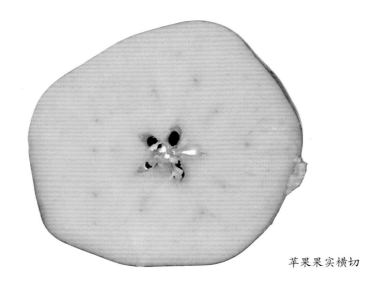

苹果果实横切

就有一个"平果村"。明朝灭亡后，这些村落的果园逐渐荒废，不过很多地名保留了下来，"平果村"慢慢就演变成了"苹果园村"，20世纪60年代，北京市修建地铁1号线时，在这里设立地铁站，定名为"苹果园"站，"苹果园"这一地名，从此广为人知。

北京过去栽培的品种多半是"国光"，现在"富士"比较多，这也是北京市场上最常见的红色苹果品种。除了红色的品种外，黄色、绿色的苹果也很常见，还有"黑钻"等果皮紫黑的品种。这些苹果虽然果皮颜色不同，但是内部的果肉基本都是白色的，其实苹果也有红肉的品种，这种红色源于果实内积累的花青素类物质，但这种苹果产量不高，口味也不太好，所以在北京市场上不多见。

苹果比较耐储存，但是它在过熟后会释放出乙烯，可以促使水果快速成熟、腐烂，所以如果苹果储存过久，会在很短的时间内突然成批腐坏。这样的过熟苹果也可以用于给香蕉、柿子等其他水果催熟。

蛇果

北京市场上可以看到一种叫作"蛇果"的苹果，它的外皮厚实，颜色深红，先端有5个明显的凸起。这类苹果其实和蛇没有关系，

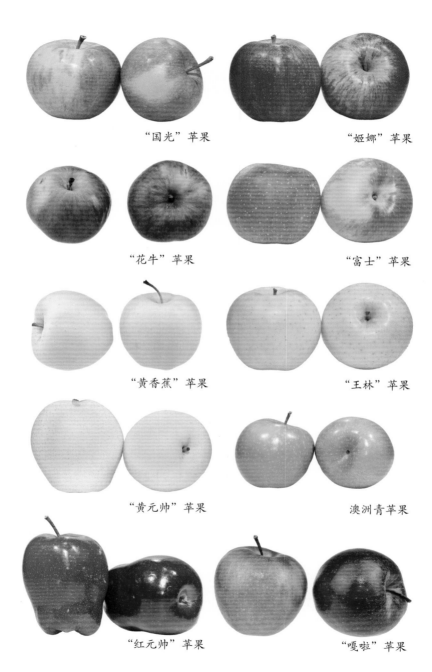

"国光"苹果　　　　　　　　"姬娜"苹果

"花牛"苹果　　　　　　　　"富士"苹果

"黄香蕉"苹果　　　　　　　"王林"苹果

"黄元帅"苹果　　　　　　　澳洲青苹果

"红元帅"苹果　　　　　　　"嘎啦"苹果

苹果干

它真正的品种名叫作"红元帅",北京常见的"富士"苹果就是它和"国光"苹果的杂交后代。19世纪70年代,美国艾奥瓦州的一位秘鲁农民杰西·希亚特发现了一株优质苹果树,最初起名为"鹰眼"。1895年,园艺企业斯塔克公司收购了这个品种,将它改名为"红美

苹果开花枝

味"（Red Delicious），后来又由它培育出了上百个子代品种，"红元帅"就是其中之一。我国广东、香港在最初引进时，把delicious音译成"地厘蛇"，所以其全名译为"红地厘蛇果"，简称"蛇果"。"红元帅"苹果的优势是美观、耐储存、糖分高，但是它的外皮厚，水分也不够多，并不十分符合大部分国人对苹果的偏好。

冰糖心苹果

我国西北地区出产一种冰糖心苹果，切开后能看到果实中央有褐色透明化的部分，这种苹果一般比普通的苹果糖度高，所以叫"冰糖心"。冰糖心苹果并不是单独的苹果品种，比如著名的阿克苏冰糖心苹果就是富士苹果。有人认为，"冰糖心"现象实际上是一种苹果的病变，叫作苹果水心病，是由光照、温度、水分、土壤矿物质等环境因素导致的，但也有人对此持反对意见。不管其内在原因为何，苹果出现"糖心"现象后，对人体健康都没有损害，含糖量往往还会升高，因而提升了食用价值，但缺点是会变得不耐储存。普通的富士苹果，秋季采摘后能够储存到来年春天，而冰糖心的富士苹果在冬天就必须吃掉，不能久放。在北京，好品质的冰糖心苹果大多都是在秋冬上市，等到开春，就算还能买到，品质也往往大不如前。

苹果果枝

苹果果枝

花红

拉丁学名：*Malus asiatica*

别名：槟子、沙果、林檎

分类类群：蔷薇科 苹果属

形态特征：乔木；叶椭圆形，花白色；梨果近球形，红色或黄色。

主要食用部位：花托

    花红可能是绵苹果和野生植物山荆子的杂交后代，果实外形和味道都很像苹果，但是个头比苹果小，有许多品种，北京市场上常见的有槟子和沙果，产地主要集中在延庆、昌平等地。槟子果实外皮深红色，果肉淡黄，香气浓郁但味道常比较酸涩。沙果在1667年的《平谷县志》里就有记载："沙果，五六千斤，销路本县暨北平。"北京的沙果有甜酸两类，甜沙果上市比较早，果实较小，味道酸甜，适宜鲜食；酸沙果上市比较晚，果实较大，味道偏酸，可以鲜食但味道不佳，一般用于加工果酱、果汁。花红的适应性强，耐旱、耐贫瘠，但果实比较不耐储存，近年来种植面积逐渐减少，只是偶尔会出现在北京的水果市场上。老舍在《四世同堂》中写过一种叫作"虎拉车"的香果，它也是花红的品种，目前已经非常少见了。

槟子

延庆市集上的槟子

花红果枝

花红开花枝

海棠

拉丁学名：*Malus × micromalus*

别名：海红

分类类群：蔷薇科 苹果属

形态特征：乔木；叶椭圆形，花白色，外侧淡红；梨果近球形，较小，红色或黄色。

主要食用部位：花托

　　北京郊区很多地方都种植海棠，它们并不是单一的物种，而是许多果实较小的苹果属植物的统称，大部分都是古时就有的杂交种。北京的城郊各地栽种有许多种海棠，有些专门用来观花，详细信息可查阅"北京自然观察手册"丛书中的《园林花卉》一书，也有些

延庆市集上的海棠

冻海棠

平顶海棠果枝

平顶海棠开花枝

可以食用，常见的食用品种有平顶海棠、八棱海棠等。平顶海棠的果实成熟后大多颜色鲜红，而八棱海棠经常是黄中泛红。八棱海棠一般会采收两季，第一季是在每年8月，果实还没完全显色时就采收，称为白海棠，多用于食品加工；第二季是在每年9月自然成熟后

八棱海棠开花枝

采收，称为红海棠。鲜海棠味道酸甜，但是一般都有涩味，直接吃口味不佳，秋季在小蔬果店偶见出售。北京所产的海棠一般会用于再加工，比如传统果脯中的海棠果脯，就是用海棠果加糖水熬煮晾干后制成的，在郊区很多地方还能买到切片晒干制成的海棠干。另外，东北还有冻海棠的吃法，即在冬季把海棠果放在室外的严寒环境中，冻硬以后化开了再吃。

观赏海棠（西府海棠）

白梨

拉丁学名：*Pyrus bretschneideri*

别名：罐梨

分类类群：蔷薇科 梨属

形态特征：乔木；叶卵形，花白色，花药紫红色；梨果倒卵球形，淡黄色，有细密斑点。

主要食用部位：花托

　　北京自古就产梨，明代的《群芳谱》中写道："梨，北地处处有之"，清代的《帝京岁时纪胜》中也记载了当时北京有"秋梨、雪梨、波梨、蜜梨、棠梨、罐梨、红肖梨"等许多品种的梨。从植物学角度来看，北京市场上常见的梨主要分属于4个物种，即白梨、秋子梨、沙梨和西洋梨，它们互相之间也多有杂交，学术界在讨论和描述这四类梨时，经常用"品系"这个比较宽泛的称呼。

　　北京常见的梨中，有许多品种都属于白梨品系，比如鸭梨、青

鸭梨

雪花梨

库尔勒香梨

白梨开花枝

梨、酥梨、秋白梨、雪花梨等。这些梨的果实成熟后多为黄色，典型的如鸭梨，过去在北京也被叫作"鸭广梨"，《燕京岁时记》中记载它是"色如鸭黄，广者，黄之转音也"，意思是说这种梨的颜色像黄色的鸭雏羽毛，此外，也有少数品种的果实会泛红色或绿色。这

白梨果枝

些白梨品种中，不少在北京本地都有栽培，也有一些是外地特产，如酥梨主要产自安徽、河北和甘肃，其商品名也叫皇冠梨。来自新疆的库尔勒香梨，虽然有时也被归入白梨品系，实际上它是多种梨属植物的杂交后代，它果实表层的细胞会分泌一些果胶类物质，所以摸上去有些黏滑。

白梨植株

秋子梨

拉丁学名：*Pyrus ussuriensis*
别名：酸梨、山梨、花盖梨
分类类群：蔷薇科 梨属
形态特征：乔木；叶卵形，花白色，花药紫红色；梨果近球形，淡黄色或黄绿色，有细密斑点。
主要食用部位：花托

　　秋子梨品系的梨，果实大多呈圆球形，果柄比较短，在北京最有代表性的品种就是京白梨，它起源于门头沟区的青龙沟，至今已有200余年的历史，清代时其曾作为皇室供品。京白梨的果实个头不大，但是味道香甜、果肉细腻，熟透以后口感绵软，在北京很受欢迎，由于不耐贮运，在华北之外的地方不是很常见。故宫的寿康宫中就有两株清末种植的京白梨树，每年春季繁花似锦，只不过由于环境和授粉条件不足，果实的产量和品质都不算太好。

　　另外，北京市场上有时能够见到一种形似苹果的苹果梨，很多

京白梨

南果梨

人以为它是苹果和梨的杂交种或者是嫁接出来的，实际上它和苹果没关系，只是一种秋子梨。

东北地区也有秋子梨的优良品种，比如著名的辽宁南果梨，另外，东北人在冬季吃的冻梨，大多也是秋子梨的品种。梨经过冷冻后，会变成黑褐色，这和它切开后褐变的原理一样，是细胞中的多酚类物质氧化以后出现的颜色。

秋子梨植株

沙梨

拉丁学名：*Pyrus pyrifolia*

别名：糖梨

分类类群：蔷薇科 梨属

形态特征：乔木；叶卵形，花白色，花药紫红色；梨果卵形或近球形，褐色或绿色，有细密斑点。

主要食用部位：花托

　　野生的沙梨果实个头较小，直径只有2～3厘米，栽培品种的果实则比较大。在很多人的印象中，梨都是一种黄色的水果，但在沙梨的品种中，果实黄色的却不多见，大多数是褐色或绿色的。糖梨是最典型的北京本土沙梨品种，含糖量很高，肉质细密，外皮褐色，比较耐储存，在河北有"正月糖梨二月肖"的说法，是说糖梨存放到正月最好吃，红肖梨存放到二月最好吃。北京平谷区金海湖镇的茅山后村有一种"佛见喜"红肖梨，颜色黄中透红，形似苹果。沙梨在我国山东和南方地区栽培比较普遍，比如北京市场上常见的"秋月""翠冠""翠玉""丰水"等品种，大多都是那些地方出产的。

"佛见喜"红肖梨

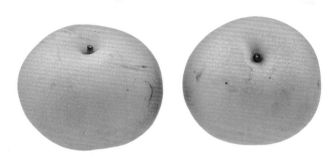

"秋月"梨

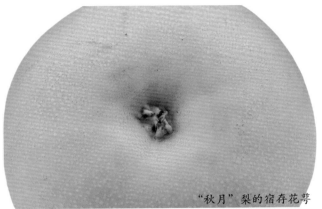

"秋月"梨的宿存花萼

沙梨开花枝

西洋梨

拉丁学名：*Pyrus communis*
别名：洋梨
分类类群：蔷薇科 梨属
形态特征：乔木；叶卵形，花白色，花药紫红色；梨果倒卵形或近球形，红色或绿色，有细密斑点。
主要食用部位：花托

　　白梨、沙梨和秋子梨品种的梨，基本上都是买来就可以吃，而西洋梨不同，它有明显的后熟现象，刚采摘下来时很硬，酸涩难吃，需要过一段时间才能完全成熟，所以西洋梨的吃法也和普通的梨不一样。西洋梨买回去后不能马上吃，要放置变软后，用勺子挖着吃，味道香甜，口感软糯。西洋梨原产于欧洲，在欧美国家比较常见，我国河北、山东一带也有栽培，市场上常见的品种有"巴梨""红安久""康弗伦斯""帕克汉姆（丑梨）"等，有些商家会把它们叫作"啤梨"，这是英语中pear（梨）的音译。另外，我国港澳地区早期把strawberry（草莓）翻译成"士多啤梨"，这和"啤梨"本身没有任何关系，只不过都是音译而已。

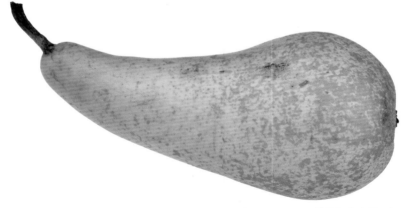

"康弗伦斯"梨

"康弗伦斯"梨果实纵切

"帕克汉姆"梨

西洋梨开花枝

山里红

拉丁学名：*Crataegus pinnatifida var. major*
别名：红果、山楂
分类类群：蔷薇科 山楂属
形态特征：乔木；叶羽状深裂，花白色，有腥臭味；梨果近球形，红色。
主要食用部位：花托

　　山里红在北京俗称红果，也有人称之为"山楂"，但它其实是山楂的一个栽培变种，果实比原变种山楂大，食用价值也比山楂高很多，原变种山楂在北京大多是野生植物，有时也会作为山里红的砧木而被栽培。

　　《光绪顺天府志》中记载，北京的山楂分为两类，"大而红者曰糖球，小而黄者曰山楂"，这里的"糖球"指的就是山里红，书中还记载了当时的食用方法，"以糖裹之耳，亦可蜜饯为果脯"。由于山里红味道很酸，再加上其含水量低，口感粉面，不太适合鲜食，除了冬季做成糖葫芦外，常见的加工方法还有制作果汁、果酱、罐头、果丹皮、山楂片等。另外，北京有很多小吃也会用到山里红，比如

山楂（上）和山里红（下）果实对比

山楂糕，是把山里红加糖煮熟、搅碎、凝固制成的。山楂糕的传统做法会加入白矾，促使山里红中的果胶凝结，这样做出来的山楂糕不耐高温，夏季会融化，所以现在一般会加入琼脂或海藻胶，使其更好地保持固态。北京还有一种传统小吃名叫"榅桲儿"，它与植物

山里红果枝

山里红开花枝

学上的"榅桲"并没有关系，这种小吃的名称来源于清代满语音译，也写作"温朴"，它是用山里红加糖和水熬煮冷却而成，但是不会搅碎，还保留着完整的果子形态，北京传统凉菜"榅桲儿梨丝"和"榅桲儿白菜"就是在梨丝或大白菜丝上浇榅桲儿的糖汁。

北京小吃"榅桲儿"

冰糖葫芦

枇杷

拉丁学名：*Eriobotrya japonica*
别名：卢橘
分类类群：蔷薇科 枇杷属
形态特征：乔木；枝叶密生褐色绒毛；花白色；梨果近球形或倒卵形，黄色或橙黄色。
主要食用部位：花托

　　枇杷原产于我国南方，在北京虽然能种活，但是难以开花，更难结果。枇杷每年春末夏初结果，在北京市场上很常见，秋冬季节，有时也能见到云南等地出产的枇杷，不过量少价高。"北冰洋"汽水中有一款枇杷口味的，由于要用到鲜枇杷，所以仅在夏季生产。枇杷的品种主要可以分成两类：红沙和白沙。红沙枇杷的果肉是橙黄色的，比较坚硬，耐贮运，北京市场上出售的绝大多数都属于此类；白沙枇杷的颜色偏白，味道更加香甜，但质地软嫩，运输过程中容易磕碰，所以在北京十分少见，价格也比较贵。枇杷味美多汁，但是它的核中含有少量毒素，与苦杏仁类似，虽然一般不会对人体造成严重伤害，但吃的时候还是要多加小心，避免咬碎果核。

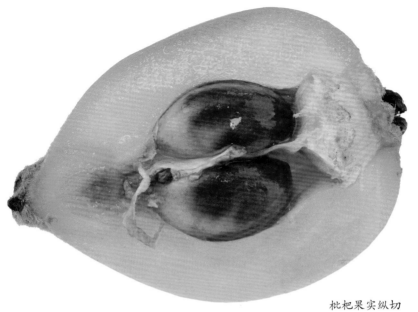

枇杷果实纵切

枇杷果枝

枇杷花序

桃

拉丁学名：*Amygdalus persica*

别名：桃子、毛桃

分类类群：蔷薇科 桃属

形态特征：乔木；叶长披针形；花淡红色或白色；核果近球形或扁球形，表面有绒毛或光滑，淡红色或黄色。

主要食用部位：中果皮

桃树在我国栽培历史非常悠久，春秋时期的《诗经》里就有"桃之夭夭，灼灼其华"等描写，北魏的《齐民要术》中记载了数十个桃树的品种。北京从元代开始就盛产桃，清代的《帝京岁时纪胜》里列举的北京本地桃种就有麦熟桃、鹰嘴桃、银桃、五节香、秫秸叶、银桃奴、缸儿桃、柿饼桃等。现在，北京的桃以平谷区种植面积最大，是夏季主要的水果之一。除了果实圆球形、外表有细毛的普通桃外，桃还有两个变种也很常见：一个是油桃，它的果皮光滑无毛；另一个是蟠桃，它的果实扁平，核很小，在清代叫作柿饼桃。

在北京，离核的桃很受欢迎，这类桃的肉（中果皮）和核（内果皮）联结不紧密，可以轻松地掰成两半，吃完以后剩下一个干净的桃核。与离核桃相对应的是黏核桃，它不容易掰开，肉和核黏在

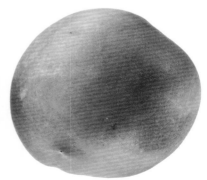

离核品种的桃果实纵切　　　　　　　　黄桃罐头

一起，啃不干净。

　　根据果肉形态，桃分成溶质、不溶质和硬质三类。其中，溶质桃就是俗称的软桃，成熟后柔软多汁，容易剥皮，大多是离核的；不溶质桃成熟后富有弹性，不容易剥皮，都是黏核的；硬质桃刚成熟时质地脆硬，成熟后软面，口感变差，大多离核。北京所种植的桃主要是溶质的品种，如"大久保"和水蜜桃，此外也有少量硬质

蟠桃

油桃

桃，而不溶质的桃多为外地出产。

　　根据颜色，我们还能把桃分成白肉桃、红肉桃和黄肉桃三类。北京出产的主要是白肉桃，以"大久保"最为常见，很多水果店在销售时，都会将其写成"久保大桃"，实际上这是错误的写法。这种桃是日本培育的品种，"大久保"是育种人的姓氏，而不是指这种桃子的个大。

　　大部分黄桃都是欧美选育的品种，欧美人喜欢味道层次感强的

桃开花枝

水果，所以黄桃大多酸味比较重，而中国人比较习惯吃甜味的白桃，因此桃的品种选育重点之一就是甜度，这就导致了很多人觉得黄桃不够甜，所以在我国黄桃经常用于制作罐头。黄桃比白桃更适于做罐头还有一个原因，黄桃在去皮、去核的过程中不容易变色，这是因为黄桃的黄色来源于类胡萝卜素，类胡萝卜素有抑制褐变的功能。北京市场上常见的黄桃品种，大多都是"锦绣"等黏核的不溶质桃，肉质不软不硬，难以徒手掰开，也正因为这个特点，它比离核的软桃更耐贮运。

桃的果枝

杏

拉丁学名：*Armeniaca vulgaris*

分类类群：蔷薇科 杏属

形态特征：乔木；叶宽卵形；花淡红色或白色；核果近球形，表面有绒毛，黄色或白色，有时带有红色。

主要食用部位：中果皮

　　最晚在明代，北京就已经是杏的重要产地了。北京栽种的杏，很多都是作为水果鲜食的，颜色有黄、白两种，大部分都是离核的，完全成熟前酸味明显，成熟后以甜味为主。也有一些品种的杏糖度较低，鲜食不太好吃，所以一般被加工成杏脯、杏干。在北京的传统小吃果子干儿中，最重要的主料之一就是杏干。金受申曾在书中记载，旧时北京西山龙泉坞一带产杏，春季果熟落地，日久风干，当地人会拾取这种陈年干杏，用以泡茶，不过现已失传。我国新疆地区昼夜温差大，出产很多优质的杏，近年来以小白杏和树上干杏

杏脯

最为流行，它们都是小果类型的品种，果实比北京本地的黄杏和白杏小很多。小白杏的外皮为浅黄绿色，香味浓郁，甜中带酸。树上干杏又叫吊干杏、小红杏，外皮黄中透红，香味比小白杏略逊，但是甜度更高。

杏的果枝

杏仁

带壳杏仁

杏仁

　　杏和同属植物山杏的种子都可以吃，叫作杏仁，北京小吃杏仁茶
和杏仁豆腐都是用杏仁做的。杏仁有甜、苦两种，其中都含有氰苷类

腌杏仁

毒素，但甜杏仁中这种毒素的含量很少，基本无毒，而苦杏仁中含量比较多，毒性也强。北京出产的大巴达、大白杏等鲜食杏中，大多是甜仁。此外，还有一些杏的品种是专门用来生产杏仁的，它们的仁甜、苦都有，如果是苦杏仁，需要在水中浸泡，溶去大部分毒素后才能吃。

山杏嫩果枝

中国李

拉丁学名：*Prunus salicina*
别名：李子、嘉应子
分类类群：蔷薇科 李属
形态特征：乔木；叶长椭圆形；花白色；核果近球形，表面光滑，紫色、红色、绿色或黄色。
主要食用部位：中果皮

　　李子的栽培品种主要可以归属于两大类：中国李和欧洲李。在我国作为水果鲜食的主要是中国李，中国李原产于我国，栽培历史已有数千年之久，春秋时期的《诗经》中就有"华如桃李"等诗句，《尔雅》中把"李"字解释为"木之多子者"，所以写法是上木下子。与桃、杏等传统果树相比，李树相对不耐低温，在我国南方温暖地区种植比较普遍，北京也有出产，但是不多。明代的《顺天府志》中，记载北京的李子有玉皇、青脆、牛心红、雁过红等品种，其中有不少至今仍有种植。玉皇李也写作"玉黄李""御皇李"，果实的皮、肉均为淡黄色，清代曾作为皇室贡品，不过口味一般，现在已少见。

　　北京市面上最常见的传统本地李子是"晚红"品种，它的外皮为紫红色，果肉为橙黄色，柔软多汁。另外，现在北京市面上也能

蜂糖李

见到"蜂糖李"等品种，多为南方出产，果肉硬而脆。北京有俗谚说"桃养人，杏伤人，李子树下埋死人"，这实际并无科学依据，苦杏仁虽然有毒，但是加工得当就很安全，如果只吃果肉，杏和李子对人体健康并没有不良影响。

李的开花枝

欧洲李

拉丁学名：*Prunus domestica*
别名：西梅、西洋李
分类类群：蔷薇科 李属
形态特征：乔木；叶长椭圆形；花白色；核果近球形或椭圆形，表面光滑，紫色、红色、绿色或黄色。
主要食用部位：中果皮

西梅并不是梅，而是欧洲李的一个品种，因为英语里的李、梅统称为plum，所以被翻译成西梅，有时也会被音译为"布朗"或"布林"。欧洲李果实成熟后含糖量高，可以直接晒成果干，不需要另外加糖腌制。欧洲李是除中国李外的另一个重要的李子品系，一般认为，它有可能是李属中的樱桃李、黑刺李等几种植物的杂交后代。欧洲李在欧洲很常见，我国仅在新疆有少量分布，但也并非原产，而是从欧洲传来的。欧洲李最早有两个育种方向，一个是用于烹饪，一个是用于鲜食，现在二者的界限已经非常模糊了。李属植物中，许多种之间都能相互杂交产生后代，比如一种名叫"恐龙蛋"的大型李子，它是用美洲李和杏多次杂交得到的品种，最初诞生于美国，我国近年来引种栽培。

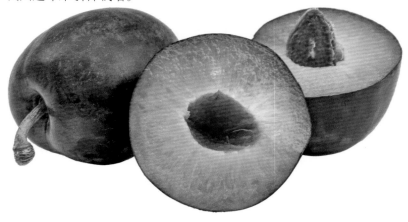

"恐龙蛋"杂交李

西梅

黑刺李

梅

拉丁学名：*Armeniaca mume*
别名：梅子、酸梅
分类类群：蔷薇科 李属
形态特征：乔木；叶椭圆形；花淡红色或白色；核果近球形，表面有柔毛，黄色或淡绿色。
主要食用部位：中果皮

梅原产于我国，由于耐寒性比较差，所以在南方地区种植较多，北京虽然有少量栽种，不过都是用于观花，很少结果。梅的果实俗称梅子，它的果肉离核，成熟时间是初夏，长江流域这段时间的气候潮湿多雨，因为正逢梅子黄熟，所以叫作梅雨。宋代贺铸有一首《青玉案》，词中名句"一川烟草，满城风絮，梅子黄时雨"描写的就是梅雨时节的景象。

梅子香味浓郁，但是味道很酸，无法鲜食，南方很多人家会用它来泡酒，也可以加工成梅干、话梅等零食。梅子烘干后称作乌梅，北京夏季的饮料酸梅汤中的主料就是乌梅和红果干，配料是干桂花和冰糖。不过，根据《燕京岁时记》的描述，清末时酸梅汤是"以

青梅果肉离核

酸梅合冰糖煮之，调以玫瑰、木樨、冰水，其凉镇齿，以前门九龙
斋及西单牌楼邱家者为京都第一"，这里的"木樨"指的是桂花，可
见在传统做法中，酸梅汤的主料只有乌梅，并没有红果，而且辅料
中还加有玫瑰。后来到清末民国时期，北京最高级的酸梅汤是用沸
水浸泡乌梅，再加上蔗糖、桂花，冰块并不放入汤中，而是放在容
器外做冰镇之用，干净卫生，著名的信远斋酸梅汤即是此种做法。
较为低档的酸梅汤，才会把冰块放入汤中，由于过去的冰块都采自
天然水域，所以卫生状况就要差一些了。

梅的果枝

093

樱桃

拉丁学名：*Cerasus pseudocerasus*
别名：中国樱桃
分类类群：蔷薇科 樱属
形态特征：乔木；叶卵形；花白色；核果近球形，表面光滑，红色。
主要食用部位：中果皮

　　樱桃原产于我国，也叫中国樱桃，果实小而圆，正红色，味道酸甜，外皮很薄，肉质软嫩，贮运时容易磕碰损伤，所以一般不会长途运输，多在本地出售，北京也有出产，市面上有时可以见到。清末民初的《北京岁时记》中写道："方言谓带把为樱桃，无把为山豆"，这里的"带把"指的就是樱桃果柄细长，无把的"山豆"指的是北京分布的另一种植物——毛樱桃，毛樱桃的果柄很短，虽然在京郊各地比较常见，但很少被拿到市面上销售。北京香山、北安河等很多地方都有"樱桃沟"的地名，过去都曾是种植樱桃的山沟，后来荒废，虽然樱桃树还有保留，但是已经无人管理和采收了。

樱桃开花枝

毛樱桃果枝

毛樱桃开花枝

欧洲甜樱桃

拉丁学名：*Cerasus avium*
别名：车厘子
分类类群：蔷薇科 樱属
形态特征：乔木；叶椭圆卵形；花白色；核果近球形，表面光滑，红色、黄色或紫红色。
主要食用部位：中果皮

　　欧洲甜樱桃的商品名叫作车厘子，这是英文名cherries的音译，它的果实个大、皮厚，肉质紧实，耐贮运，在全世界范围内流行。我国最早引种欧洲甜樱桃的引种地是山东烟台，曾叫作"山东大樱桃"，现在山东、辽宁等很多地方都有大规模的果园。

　　欧洲甜樱桃的成熟季节是春末夏初，北京市场上也是在这段时间供应量最大，价格最便宜，其他季节买到的反季节樱桃，大多是从智利等南半球国家进口的。北京所售的欧洲甜樱桃品种中，比较常见的有紫红色的"美早""萨米脱"，红色的"红灯"和黄色的"水晶"等。德国的黑森林地区盛产欧洲甜樱桃，当地人会把吃不完的樱桃做成樱桃果酱和樱桃酒，并且还会加入奶油、黑巧克力等配料

做成"黑森林蛋糕"。现在，北京的很多蛋糕店都把黑森林蛋糕等同于黑巧克力蛋糕，实际这是错误的，原版黑森林蛋糕的核心配料是樱桃酒和樱桃果酱。另外，有一些蛋糕会用红色的罐头樱桃作为点缀，这是用欧洲酸樱桃制作的，欧洲酸樱桃与中国樱桃、欧洲甜樱桃不是同一物种，它的果实味道很酸，有浓郁的杏仁香味，一些樱桃味的糖果、冷饮中所添加的食用香精，所模拟的也是欧洲酸樱桃的香味。

欧洲甜樱桃果枝

黑森林蛋糕

欧洲甜樱桃开花枝

草莓

拉丁学名：*Fragaria × ananassa*
别名：凤梨草莓
分类类群：蔷薇科 草莓属
形态特征：草本；茎匍匐；花白色；瘦果多数，生于肉质花托上，花托红色、淡红色或白色。
主要食用部位：花托

　　草莓可食用的部分并不是果实，而是肉质、多汁的花托（果托），花托表面一粒粒的"籽"才是它真正的果实，类型属于瘦果。有些草莓的花托会出现空心，这和品种、水肥条件都有关，属于正常现象。草莓没有后熟现象，采收以后不管怎么放置，也不会继续成熟变甜，所以应该挑选成熟了的再买。我们现在吃的草莓在植物学上被称为凤梨草莓，它并不是由某一种野生草莓直接驯化而来的，最初是北美洲的弗吉尼亚草莓和南美洲的智利草莓的杂交后代，集合了二者的优点，果子个头大，而且香味浓郁，200多年来，经过育种学家的努力，诞生出了数百个品种。

　　北京生产草莓的历史可以追溯到清代中期，当时引种的都是欧洲的品种，抗病性强，果实鲜红漂亮，也比较致密，不容易磕碰受

"红颜"草莓

"章姬"草莓

伤，但是味道较酸，口味不是很好。这是因为在欧洲人的传统观念里，草莓就应该是一种酸味的水果，所以育种时并没有特意去提高它的甜度。直到今天，欧洲的草莓大多数还是"中看不中吃"。日本人和我们的口味比较相似，都喜欢吃甜味的水果，所以培育出了许多高甜度的草莓品种，近年来我国种植、销售的草莓绝大多数都是日本品种。

在我国种植的日本草莓中，最常见的品种就是"红颜"以及它的自交和杂交后代，它的亲本是"幸香"和"章姬"，果子近似圆锥形，外表红色，内部淡红色，甜度和香味都很好，硬度和酸味也适中，在日本育种界被看作是草莓的"标准型号"。"红颜"的日语原名直译是"红脸蛋"，形容它好吃得让人脸颊都能"红起来"。"红颜"草莓在我国种植很广泛，其中辽宁丹东培育出了一个品质特别优良的品种，商品名叫"红颜99"或"红颜久久"。北京市场上有时也会有商家出售"巧克力草莓"，虽然这种草莓也香甜可口，但并没有巧克力味，它其实就是品质比较好的"红颜"。2014年，北京密云区一位名叫李健的农民，利用"红颜"的变异苗培育出一种叫作"小白"的草莓，这种草莓外皮红色，内部纯白色，是我国自主培育出

"桃薰"草莓

的第一种白肉草莓。

　　"红颜"草莓的两个亲本"幸香"和"章姬"在北京市场上也都有销售，"幸香"略微少见一些，"章姬"比较多见，它是日本育种家荻原章弘在1985年培育、1992年注册的品种，"姬"在日语里是公主的意思，"章姬"一名的本意是"章弘家的公主"。"章姬"的果子形状细长，口感柔软，酸味略弱，甜味和香味明显，不如"红颜"有层次感，市场上往往称之为"奶油草莓"或"牛奶草莓"，有人说这种草莓由于是用牛奶浇灌出来的，所以好吃。其实，这只是从商品名中附会出来的无稽之谈，牛奶中富含的蛋白质、脂肪等营养物质并不能被植物直接吸收，就算真用牛奶来浇灌，也不会让草莓变得更好吃。

　　我们平时见到的草莓大多数都是红色的，但实际上野生的草莓中有不少白果的种类，把这些白果野生草莓引入到杂交育种后，就诞生了白色和淡粉色的草莓品种。在浅色草莓中，淡粉色的"桃薰"和白色的"白雪公主"等在北京市场上都比较常见，这两种草莓在我国种植较多，价格比同品质的"红颜""章姬"等红色品种略贵。

这两种草莓的质地柔软，甜度略低，香气和"红颜""章姬"等常见的红色草莓有着不小的区别，"桃薰"带有椰子和桃子的香味，"白雪公主"带有桃子和奶油的香味。现在有许多商贩会把"红颜""桃薰""白雪公主"拼成一盒出售，颜色从红到白渐变，非常好看，不过买的时候最好仔细挑选，因为这两种浅色草莓都比"红颜"更怕磕碰，容易变质产生酒味。

白色草莓品种的瘦果多为红色

日本还有一种著名的白草莓，叫作"淡雪"，目前我国还没有大规模引种，有些商贩用"桃薰"和"白雪公主"冒充"淡雪"高价售卖，购买时需要注意鉴别："白雪公主"的果实基部发绿，"桃薰"表面的小粒瘦果上长有明显的毛，真正的"淡雪"都没有这些特点，肉质也比较硬。

草莓植株

东方草莓

　　除了栽培的凤梨草莓外，其他野生的草莓属植物基本也都能作为水果食用，比如华北山区分布的东方草莓。另外，北京城郊各处的草地上，经常可看到蛇莓，它的果子和草莓很像，但是淡而无味，没有食用价值。

东方草莓的花

树莓

拉丁学名：*Rubus* spp.
分类类群：蔷薇科 悬钩子属
形态特征：灌木；茎有刺；花白色；小核果多数，集生于花托上，与花托连合或分离。
主要食用部位：中果皮

　　悬钩子属植物的果实是由许多小果连在一起形成的聚合果，属中许多物种都可食用，如野生的蓬蘽、覆盆子等都是我国常见的野果，栽培的品种可以分为树莓和黑莓两个品系。树莓果较小，核果与花托分离，整体形状像小碗，质地柔软，颜色多样，有红色、黄色、紫色、黑色等，北京市场上常见的是红树莓。黑莓果较大，核果与花托连合，整体实心，不呈碗状，外皮黑色且有光泽，核果相对较硬，吃的时候常有"硌牙"感。现在的树莓和黑莓品种多为欧美培育的，我国从2003年前后开始成规模种植，主要的产区是东北和华北，北京也有出产。树莓和黑莓成熟后香甜可口，但是它们质

黑莓

红树莓和黑莓常用于蛋糕装饰

黑莓果枝

地娇嫩，即便是被精心地装在小塑料盒中，也经常会因为互相摩擦而破损变质，因此一般不能等到完全熟透再采摘销售，这就导致了市售的树莓和黑莓有甜有酸，甜的适宜直接吃，酸的一般就只能放在果汁、酸奶、蛋糕里作为调味和点缀了。

覆盆子果枝

黑莓开花枝

沙棘

拉丁学名：*Hippophae rhamnoides*
分类类群：胡颓子科 沙棘属
形态特征：灌木；叶狭披针形；花黄绿色；坚果核果状，橙黄色。
主要食用部位：花托

　　沙棘主要生长在我国北部和西部较为干旱的地区，它们耐寒、耐旱，能起到防风固沙、保持水土的作用。原生种沙棘的果实比较小，俄罗斯和蒙古国培育出了一些专门用于食用的大果品种，我国也有栽培。沙棘的果柄很短，牢牢生长在枝条上，外皮软薄易破，采收难度比较大，过去的采收方法一般是等入冬后，果实被低温冻硬，然后再敲打树干让果实落地，再行捡拾。现在虽然有了效率较高的采摘机械，但还满足不了实际需求。由于这些原因，沙棘的鲜果在市面上很少出现，采收下来后一般直接就送进工厂加工了。沙棘果的维生素C含量很高，但是味道很酸，还有涩味，北京市场上见到的一般都是加糖制成的沙棘果汁。

沙棘果枝

枣

拉丁学名：*Ziziphus jujuba*

别名：大枣、小枣、红枣

分类类群：鼠李科 枣属

形态特征：乔木；叶卵状椭圆形，托叶成刺；花黄绿色；核果球形或椭圆形，红色或淡绿色。

主要食用部位：中果皮

　　枣树是人类最早驯化的果树之一，栽培历史超过3000年。我们平时吃的枣，实际上是酸枣的栽培变种，酸枣古时称为"棘"，春秋时期的《诗经》中有"园有棘，其实之食"和"八月剥枣，十月获稻"的诗句，这说明当时人们已经培育出了不同于酸枣的枣树，并且把二者都作为果树种植。《战国策》中苏秦说燕国是"北有枣栗之利，民虽不由田作，枣栗之实，足食于民"之地，可见早在战国时期，枣树就是北京地区的重要物产了。直到今天，枣树仍然是北京

小枣

干红枣

酸枣果枝

常见的果树，而酸枣则因为核大、肉少、味酸，食用价值很低，少有人种植，多为野果。过去，北京有一种小吃叫"酸枣面"，这种小吃的做法是把秋季自然风干的酸枣采下，趁天凉，碾下皮肉，研碎筛细成酸枣面，气温升高一点后，酸枣面就会结成砖头一样的大块，

枣的果枝

酸枣

价格非常低廉，许多孩子经常购买一小块，慢慢舔食。

　　早年间，北京卖枣的商贩会把枣在筐里摆成堆，吆喝的词句是"赛冰糖的脆枣儿"，现在早已没有了这种卖法，但是秋天的时候，北京各处的水果店中，鲜枣依然十分常见。北京人除了喜欢吃鲜枣，还喜欢吃醉枣、干枣和枣泥。醉枣的做法是在鲜枣上喷白酒，然后放入缸中窖藏，这实际是一种保鲜手段，秋季做好的醉枣可以一直放到春节。干枣是用鲜枣晒干制成的，由于去掉了很多水分，所以含糖量极高，在营养不足的时期，干枣是优质的热量来源，切糕、粽子、腊八粥等食物中一般都会放干枣。把干枣泡软，去核后碾碎

枣的开花枝

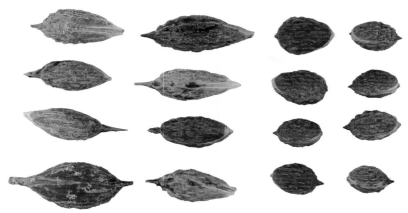

枣核（左）和酸枣核（右）

炒熟，就得到了枣泥，北京许多传统糕点中都会用枣泥做馅。

北京本地的枣树品种众多，其中最为常见的是缨络枣。清代的《帝京岁时纪胜》中就记载："都门枣品极多，大二长圆者为缨络枣。"所谓缨络，指的是清代官帽上的红色缨穗，缨络枣果实个大，初熟时为白绿色，随后从下往上逐渐变红，和帽缨的颜色相似，故而得名。也有人把它的名字误认为"缨落"或"莺落"，从而衍生出了"缨不落""莺不落"等名字，其实说的都是同一个品种。北京城区的胡同、院落中的枣树，大多也都是缨络枣，比如东城区府学胡同文天祥祠中的枣树就是缨络枣，相传为文天祥亲手种植，但实际上并没有那么古老，它的树龄只有400多年。缨络枣的产量很高，但是对枣疯病的抵抗力差，所以有不少都因病被砍伐掉了。

除了缨络枣等大枣，北京市场上还经常见到很多小枣，比如晚秋初冬上市的冬枣，它的果实小而圆，外皮比较薄，味道清甜，主要用于鲜食，各地都有出产，比较著名的有陕西的大荔冬枣。北京本地也有密云的金丝小枣，它的形状椭圆，虽然鲜食也很好吃，但是主要用于晒制干枣，"金丝"说的是它核小肉厚，晒干后掰开可以拉出金黄色的糖丝。

在北京市场上，还能看到一种"牛奶青枣"，也叫"大青枣"，它的果实大而圆，外皮为青绿色，口感脆而无渣，这并不是真正的

马牙枣

滇刺枣

枣，而是滇刺枣（毛叶枣）的栽培品种，我国福建、海南、台湾等温暖地区种植较多，国外主要产于印度和东南亚地区，大多是冬春季成熟上市。

117

桑葚

拉丁学名：*Morus alba*

别名：桑椹

分类类群：桑科 桑属

形态特征：乔木；叶卵形；花序穗状下垂，淡绿色；聚花果紫黑色或白绿色。

主要食用部位：花被片

　　桑葚是桑树的果实，也写作桑椹。桑树的花序近似穗状，上面有许多小花，每个花序会发育成一枚桑葚，中央的绿色棍状"硬芯"是雌花序的花序轴，上面的每一个小粒是由一朵花发育来的果实，颜色有紫、白两种。市面上销售的桑葚以紫色品种居多，果汁中含有大量花青素，很容易吃得人手口皆紫，也常沾染衣物。桑葚质地软嫩，不耐储存，北京所售的桑葚很多都是本地出产的，每年只在初夏大量上市。据清代《燕京岁时记》等书记载，旧时京城的端午节习俗中，除了吃粽子，还要吃桑葚和樱桃等时令水果。市售的桑

葚一般不会施农药，清洗时不需要太过用力，以免揉破。有时桑葚中会有果蝇幼虫，用淡盐水浸泡可以将其洗出。北京的公园、小区中也有不少桑树，其中很多都能结果，经常有人采摘，但这种环境中的桑葚会富集农药和空气污染物，不宜食用。如果想体验采摘的

市场上的桑葚

乐趣，北京郊区有不少桑葚果园，收获季节可以去采摘。水果店中还常可见到一种特别细长的桑葚，它是桑葚的同属植物奶桑的一个品种，叫作长果桑，产量和品质都优于普通桑葚，但栽培难度更大，所以价格一般也更高。

长果桑

成熟后掉落的桑葚

无花果

拉丁学名：*Ficus carica*

分类类群：桑科 榕属

形态特征：灌木；叶掌状深裂；隐头花序；许多小果生于壶形肉质花托内，花托紫红色或黄绿色。

主要食用部位：花托

　　无花果原产于西亚，唐代传入我国，在北京可以在室外越冬，也能结果，但是产量不高，也没有大规模栽培，所以北京市场上出售的无花果大部分都是外地出产的。无花果的名字虽然有"无花"二字，但实际上它会开花，它的花序为隐头花序，花序托的形状像一个坛子，这也是它将来的主要可食部位。无花果的小花密集生于花序托的内壁，野生型的无花果需要依靠一些蜂类传粉才能发育，雌蜂钻进花序托内部，产卵之后死在里面，孵化出来的幼虫也在无花果中生长，因此有些人以为无花果中都有小虫，不敢吃。实际上现在市售的无花果大多是不需要蜂类传粉就能结果的品种，果

无花果纵切

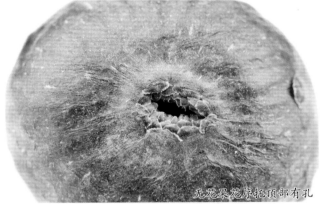

无花果花序托顶部有孔

市场上的无花果

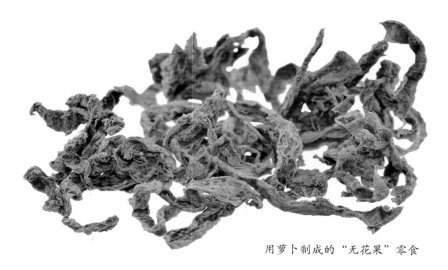

内并没有虫子。成熟的无花果含糖量非常高，但是由于质地松软，很容易磕碰损伤，贮运时一般需要套上泡沫塑料网袋作为缓冲。除了鲜食以外，无花果还可以晒成果干，但是北京原来常见的一种名为"无花果"的零食，却不是用无花果做的，它的主料是白萝卜丝。

无花果干

无花果果枝

波罗蜜

拉丁学名：*Artocarpus heterophyllus*

别名：菠萝蜜、树菠萝、木菠萝

分类类群：桑科 波罗蜜属

形态特征：乔木；叶倒卵形；花序椭圆形，生于树干上；聚花果椭圆形，表面有六角形凸起，黄褐色。

主要食用部位：花被片

波罗蜜现在一般写作菠萝蜜，是一种热带水果，北京不能种植，市场上销售的波罗蜜有些是广东、广西、云南、海南等地区生产的，也有些是从东南亚国家进口的。波罗蜜是桑科植物，结构和桑葚也有相似之处，每一个庞大的果子都是由许多果实聚在一起形成的聚花果，食用部位是果实外面的宿存花被。

波罗蜜有干包和湿包两种品系，干包的肉质比较脆，湿包的软糯多汁，北京市场上能见到的波罗蜜大部分是干包的。波罗蜜可以在产地完全成熟后再采收上市，如果需要长距离运输，一般需要在熟透前摘下来，这样可以延长销售时间。因为波罗蜜的果子很大，很少有人一次买一整个，所以水果店会把它拆分装盒出售。如果要

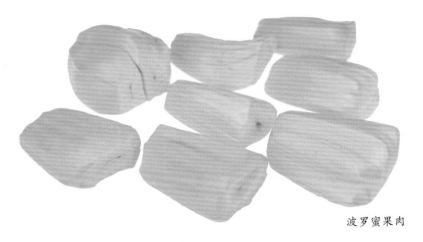

自己分拆波罗蜜，一定要把它放到完全成熟再动手，因为波罗蜜内部含有乳胶一样的黏液，粘在手上、刀上很难去除。生的波罗蜜黏液非常多，熟透后会变少。波罗蜜除了花被片形成的果肉可食以外，内部的种子也能吃，将它的种子洗净后加水煮熟即可食用，口感和味道都很像煮栗子。但是要注意，波罗蜜种子的外皮富含红褐色的色素，煮时容器被染色后不易清洗。

波罗蜜的果实长在树干上

杨梅

拉丁学名：*Myrica rubra*
分类类群：杨梅科 杨梅属
形态特征：乔木；叶长椭圆形；花红色；核果球形，深红色或紫红色。
主要食用部位：外果皮

　　杨梅产于我国南方，果实大多数是红色或紫红色的，也有白色的品种。由于杨梅果实外面没有硬质的外皮，贮运过程中很容易腐坏变质，所以过去在北京并不常见。近年来，随着物流运输业的发展，每年初夏，北京市场上也能见到许多新鲜杨梅了。但即便如此，杨梅买回去以后也不能久放，最好及时吃掉。

　　杨梅的可食用部位是它多汁的肉质外果皮，其中的缝隙里经常有果蝇产的卵，所以有时会看到白色的小虫从里面钻出来，实际上它们对人体健康影响不大，如果想将其去除，可以把杨梅浸泡在盐水里，就可以逼出小虫，之后再正常清洗干净。北京本地吃杨梅一般是直接吃，在南方各地有着许多不同的吃法，比如蘸盐水、蘸酱油、撒辣椒粉等，也可以用其泡制杨梅酒或者腌成蜜饯零食。

分隔包装运输的杨梅

杨梅果枝

雌花序　　　　雄花序

西瓜

拉丁学名：*Citrullus lanatus*

分类类群：葫芦科 西瓜属

形态特征：草质藤本；叶羽状浅裂或深裂；花淡黄色；瓠果球形或椭圆形，光滑，绿色，有些有条纹。

主要食用部位：胎座

西瓜是北京人必不可少的消夏水果，过去每年在初夏上市，一直卖到秋天，现在一年四季都有。北京南部大兴区一带的土质很适合西瓜生长，种植西瓜的历史已逾千年，以庞各庄出产的最为有名。欧阳修在《五代史》里记载，五代时期有一位名叫胡峤的官员，曾经在辽国滞留了7年，写了一本名叫《陷虏记》的书，其中就写到他到了辽上京（今内蒙古巴林左旗）以东数十里处"遂入平川，多草木，始食西瓜，云契丹破回纥得此种，以牛粪覆棚而种"。这段描述说明了两件事，一是五代时期辽国已经开始种植西瓜了，现在的北

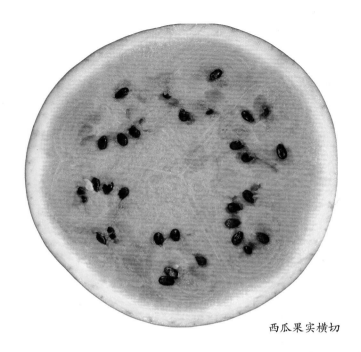

西瓜果实横切

京当时是辽国领土，因此大兴的西瓜很可能也是从那时开始种植的。二是辽国的西瓜是从回纥处获得的，当时的回纥位于我国西北地区，这说明西瓜应该是由西域传入我国的。

由于西瓜主要产于北京西南一带，所以旧时北京城的"西瓜市"位于月坛，主营批发业务，销售时，十瓜摆一堆，瓜贩凭借眼力，整堆购买，之后再分辨生熟程度，按成熟度依次零售。清代的《燕京岁时记》里记载，当时西瓜的品种有"三白、黑皮、黄沙瓤、红沙瓤各种"，并且说"沿街切卖者，如莲瓣，如驼峰"，中秋节时，还会特地用切成莲瓣形的西瓜来供月。切卖西瓜是北京旧时的传统，因为当时没有电冰箱，大西瓜切开后在家中不易保存，所以商贩就将西瓜切成小牙儿贩卖，顾客现买现吃，避免浪费。此外，老北京夏天时还有商贩制售西瓜汁，西瓜汁分生、熟两种，生西瓜汁是用汁水多的西瓜直接榨汁，熟西瓜汁是将西瓜榨汁后煮沸再冰镇。

《燕京岁时记》里提到的"黑皮"西瓜，可能指的就是过去北京

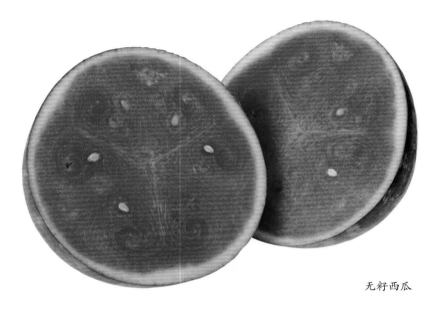

无籽西瓜

最常见的"黑蹦筋儿"品种，它的外皮深绿发黑，黄瓤，后来由于品种退化，很少有人种植了。20世纪80年代，北京农林科学院与日本的西瓜育种家森田欣一合作，选育出了一种高品质的西瓜，从"北京"和"欣一"中各取一字，命名为"京欣"，最早的品种叫作"京欣1号"，后来还有了2号、3号、4号以及一些未用"京欣"命名的新子代品系，直到今天，"京欣"系列西瓜在北京的产量和消费量还非常大。

　　按照果实大小，西瓜可以分成大果、中果、小果三大类，"京欣"系列属于中果型。单果重量5千克左右，人口不多的家庭，一次不一定能吃完。所以近年来，小果型西瓜在北京市场上越来越受欢迎，常见的有"早春红玉""墨童"等国外品种和"京颖""甜宝""超越梦想"等国内品种。

　　西瓜虽然好吃，但是吐籽麻烦，所以人们就培育出了无籽西瓜。无籽西瓜培育的原理是利用生物的多倍体现象，普通的有籽西瓜是二倍体，把普通西瓜的幼苗用秋水仙素处理后，它细胞中的染色体就会加倍，变成四倍体西瓜，四倍体西瓜长大后再与普通西瓜杂交，

黄瓢西瓜

就能得到三倍体西瓜，这种三倍体西瓜长大再结出的果实中就没有籽了。由于没有籽，所以三倍体西瓜本身不能继续繁殖，需要每年从四倍体西瓜开始培育。

生长状态的西瓜

西瓜子

西瓜子

　　瓜子是很多人都喜欢的日常零食，有西瓜子、南瓜子、葵花子等种类。其中，西瓜子的食用历史最为悠久，北宋初年的《太平寰宇记》中就记载了幽州出产"绵、绢、人参、瓜子"，当时的幽州就是现在北京一带，当时向日葵、南瓜还未传入我国，人们吃的瓜子应该就是西瓜子。到了明清时期，北京人嗑瓜子的习惯已经相当普及，主要吃的还是西瓜子。普通西瓜的种子比较小，虽然也能吃，但是嗑起来费劲，市售的成品西瓜子来源于专门的籽用品种，籽用

拇指西瓜

西瓜也叫打瓜、子瓜、洗子瓜，瓤一般为白色或浅黄色，淡而无味，但是它的种子又大又多，适合炒制瓜子。

　　北京的一些超市中，现在可以见到一种商品名为"拇指西瓜"的水果，它并不是西瓜，而是葫芦科番马㼎儿属的植物，也有人把它的名字译作糙毛马㼎儿。这种植物原产于北美洲的墨西哥等地，果实只有成年人拇指大小，表面的花纹像西瓜，故而得名。拇指西瓜的果实可以整个食用，不需要去皮吐籽，味道微酸，香气像黄瓜，总体来说不算好吃，仅可供人猎奇尝鲜，食用价值不高。

甜瓜

拉丁学名：*Cucumis melo*
别名：蜜瓜、哈密瓜
分类类群：葫芦科 黄瓜属
形态特征：草质藤本；叶近肾形；花黄色；瓠果球形或椭圆形，光滑
或有沟纹，绿色、黄色或褐色。
主要食用部位：中果皮、内果皮

　　甜瓜原产于非洲，很早就传入了我国，湖南长沙的马王堆汉墓中就出土了甜瓜的种子，这说明当时的人不仅吃甜瓜，而且还是连着籽一起吃的。甜瓜的变种众多，并不都是水果，比如我国南方出产的越瓜和菜瓜，肉质紧致，不甜、不香，汁水也很少，只能当蔬菜吃。甜瓜还有一些变种作为观赏植物栽培，没有食用价值。

　　甜瓜的众多变种大致划分为长毛甜瓜和短毛甜瓜两类。长毛甜瓜的果实幼嫩时表面的绒毛长而密，皮肉比较厚，也叫厚皮甜瓜，在我国西部地区种植较多；短毛甜瓜的果实幼嫩时表面的绒毛短而疏，皮肉比较薄，也叫薄皮甜瓜，在我国东部和南部地区种植较多。这两类甜瓜中的果用品种，在北京市场上都有销售。

　　长毛甜瓜中的夏甜瓜在我国新疆种植广泛，品种众多。这类甜

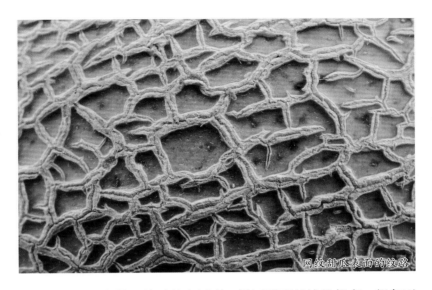
网纹甜瓜表面的纹路

瓜的果实外观多样，外形从卵圆形、椭圆形到长棒状都有，颜色不一，有黄色、白色、绿色等，有些还有条带和网纹，肉质有脆有软，它们共同的特点是果柄和果实不会自然分离，所以每个瓜上都会带着一段果柄。夏甜瓜具有后熟现象，采摘后在放置过程中，果实仍然能够继续成熟，口感可能会发生变化，一般来说夏甜瓜摘后可以存放2～3周的时间。很多人都知道日本出产一种价格昂贵的网纹甜瓜，它也属于夏甜瓜变种，同类的品种在我国也有种植和销售。甜瓜表面的网纹是由于表皮外层和内部的组织生长快慢不同所导致的，甜瓜外层先停止生长并且硬化，随着内部组织继续生长，将外皮撑破，形成网纹。

与夏甜瓜相对应的是冬甜瓜，它也属于长毛甜瓜。冬甜瓜的果柄会自然脱落，且没有后熟现象，需要成熟后采摘，但是它被摘下后可以存放一两个月，反而比夏甜瓜更耐贮运。冬甜瓜果实中的芳香物质和糖分含量通常比夏甜瓜低一些，味道比较清淡，北京市场上常见的白兰瓜、伊丽莎白瓜都属于此类。另外，我国新疆还有一种伽师瓜，果肉为橙红色，细腻脆爽，甜度很高，品质上乘，从新疆运到北京，路途遥远，所以价格也高。

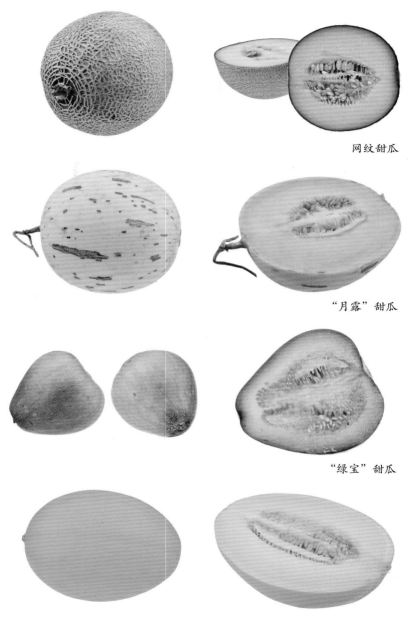

网纹甜瓜

"月露"甜瓜

"绿宝"甜瓜

138

"金美人"甜瓜

"羊角蜜"甜瓜

　　长毛甜瓜的外皮厚而硬，不能吃，短毛甜瓜的外皮比较薄，有些品种可以连皮一起吃。我国常见的短毛甜瓜有两个变种，一个是作为蔬菜栽培的越瓜，还有一个是作为水果栽培的梨瓜，一般说的香瓜，都属于梨瓜品种。北京常见的传统香瓜品种有"旱三白""老头乐""羊角蜜"，"旱三白"的果实长圆形，外皮发白，汁水丰富；"老头乐"质地绵软，没牙的老人都能吃，故而得名；"羊角蜜"的果实细长，如同山羊角，成熟后的口感偏软，虽然名为"蜜"，实际甜度大多数并不是很高，皮和籽可以去掉，也可以连同瓜一起吃下。

甜瓜结果植株

139

刺角瓜

拉丁学名：*Cucumis metuliferus*
别名：火参果
分类类群：葫芦科 黄瓜属
形态特征：草质藤本；花黄色；瓠果椭圆形，表面有刺状凸起，黄色。
主要食用部位：胎座

　　刺角瓜是近年来出现在我国市场上的新兴水果种类，商品名叫作"火参果"，一般单独一个装在塑料盒中售卖，价格较贵。刺角瓜实际上是甜瓜和黄瓜的近亲，原产于非洲南部的沙漠地区，我国南方有少量引种，它的果实外皮有钝刺且比较薄，成熟以后内部充满了凝胶状的液化胎座。在自然环境中，刺角瓜的胎座担负着将种子喷射出去的任务，这也是作为水果时的食用部位。而果实表面的钝刺，在幼嫩时期比较尖锐，起到阻止食草动物啃食的作用，果实成熟后才会逐渐变钝，这样可以吸引动物吞食，内部的种子就能随动物粪便传播到远处。刺角瓜的味道和黄瓜很像，完全成熟后带有柑橘的香气，味道清淡，一般是加入蜂蜜后搅拌成果汁喝，在非洲原产地，人们会用它烹调菜肴，挖去胎座后的外皮可以当作餐桌摆盘的容器。刺角瓜总体来说不算很好吃，观赏价值大于食用价值。

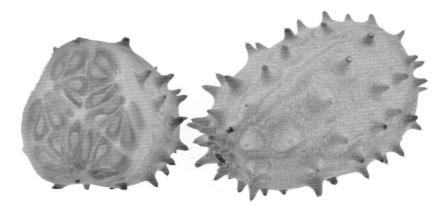

罗汉果

拉丁学名：*Siraitia grosvenorii*
别名：光果木鳖
分类类群：葫芦科 罗汉果属
形态特征：攀援草本；块根纺锤形；叶三角状卵形；花黄色；瓠果球形，绿色。
主要食用部位：花托、果皮、胎座

　　罗汉果原产于我国华南和西南地区，食用历史并不是十分久远，1885年的《永宁州志》中最早记载了罗汉果这种植物，1905年的《临桂县志》才将其具体描述为"罗汉果，大如柿，椭圆中空，味甜"。

　　北京市场上销售的罗汉果，大多是晒干的干果，有时也能看到外皮黄绿色的鲜果。不管是干果还是鲜果，罗汉果的食用方法都是掰开泡水或煮汤，它具有很浓的甜味，这种甜味和其他水果不同，并非源于糖类，而是由一种名为罗汉果甜苷的物质所带来的，这种物质的甜度是蔗糖的数百倍，但又不像糖类那样含有高热量，也不容易引起血糖剧烈波动，适合对血糖控制有需求的人群食用，所以是一种很好的代糖物质。1996年，我国已经批准把罗汉果甜苷作为食品添加剂使用。除了果实，罗汉果干燥的花朵也能泡茶，泡出来的茶水呈现出深红色。

阳桃

拉丁学名：*Averrhoa carambola*
别名：杨桃、五敛子
分类类群：酢浆草科 阳桃属
形态特征：乔木；奇数羽状复叶，具5～13小叶；花淡红色；浆果5棱，淡绿色或蜡黄色。
主要食用部位：中果皮、内果皮

阳桃原产于我国南方，古名为五敛子，晋代的《南方草木状》中写道："五敛子，大如木瓜，黄色，皮肉脆软，味极酸，上有五棱，如刻出，南人呼棱为敛，故以为名。"这段描述既写明了阳桃的形状、味道，又解释了其名字的来历。明代李时珍说它是"闽人呼为阳桃"，所以现在《中国植物志》中使用的中文正式名是"阳桃"，不过民间都写作"杨桃"。阳桃与常见的酢浆草是近亲，但植株却是乔木，有"老茎生花"现象。

阳桃的品种很多，大致可以分为酸阳桃和甜阳桃两大类。大约在20世纪90年代，北京市场上开始出现酸阳桃，果实个头比较小，外皮呈绿色，味道很酸，销路不好。现在，更常见的是黄色的大个

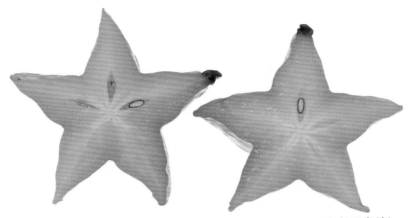

阳桃果实横切

阳桃，它就是从东南亚引进的大果甜阳桃，虽然名为"甜阳桃"，但一般最多也就是不太酸，甜味并不明显。阳桃没有后熟作用，酸的果实经过贮藏也不会变甜。阳桃的果实中含有很多草酸，会给肾脏带来伤害，健康的人适量吃一些无妨，但是肾病患者不宜食用。

阳桃果枝

阳桃花序

山竹

拉丁学名：*Garcinia mangostana*

别名：莽吉柿

分类类群：藤黄科 藤黄属

形态特征：乔木，体内具黄色乳汁；叶椭圆形；花橙色；浆果紫红色，光滑。

主要食用部位：假种皮

　　山竹原产于东南亚，我国市场上见到的山竹基本都是从泰国、马来西亚等地进口的。山竹清甜可口，东南亚人将其誉为"水果王后"。

　　山竹被采摘下来后会继续成熟，一旦熟过了，会变得像木头一样，无法再吃。如果想挑选到新鲜好吃的山竹，需要注意这几点：一是看它的果柄和4枚宿存的萼片，新鲜山竹的这个部位应该是绿色的、水灵的；二是轻轻按一下外皮，新鲜山竹的表皮软而有弹性，不新鲜的则会非常坚硬；三是看"星星"，山竹果实顶端的"星星"，是残存的雌蕊柱头，分瓣数一般等于开花时雌蕊的心皮数，一颗山竹上的"星星"分了几瓣，内部通常就有几瓣果肉，"星星"上瓣的大小，也对应着内部果肉的大小，所以应该挑选"星星"分瓣大小

144

山竹果实上的残存柱头

均匀的，因为过大的果肉中往往会有发达的种子，影响口感。另外，山竹全株都含有黄色乳汁，果实中也有，这和它的新鲜程度无关，不影响品质。

山竹果枝

市场上的山竹

鸡蛋果

拉丁学名：*Passiflora edulia*

别名：百香果

分类类群：西番莲科 西番莲属

形态特征：草质藤本；叶掌状3深裂；花绿白色，有丝状副花冠；浆果卵形，紫色。

主要食用部位：假种皮

　　鸡蛋果在北京市场上一般叫作百香果，英文原名是"passion fruit"，"百香"既是"passion"的音译，又表明了它独特的香味，兼有音译和意译。"passion"有"热情"的意思，所以也有人叫它"热情果"，但这实际是一个错误的翻译，原名中这个词的含义是"受难"。

　　百香果的香味浓郁，像多种水果香气混合到了一起，但是它有明显的酸味，常用来调制饮料。百香果也有好几个品种，根据果皮分为紫色和黄色两类，在北京都能买到，紫色的百香果比较多见，黄色的甜度略高一些。百香果具有后熟现象，摘下后会继续成熟，如果一次买多了，可以将其在阴凉通风的地方放置几天，它的表皮会慢慢变皱，同时口味也会变得更好。

黄色品种的鸡蛋果

鸡蛋果果枝

鸡蛋果的花

147

石榴

拉丁学名：*Punica granatum*

别名：安石榴

分类类群：千屈菜科 石榴属

形态特征：灌木或乔木；叶矩圆状披针形；花红色；浆果近球形，黄褐色，花萼在顶端宿存。

主要食用部位：外种皮

石榴原产于中亚地区，栽培历史已超过5000年，最晚在东汉时期传入我国，三国时期曹植的《弃妇诗》中就写到了"石榴植前庭"。晋代陆机、张华等人的著作中说石榴是西汉张骞从西域带回的，但是这个说法没有确实的证据，很可能只是附会。北京民间有在庭院中种植石榴树的习惯，但是所栽种的大多数是观花品种，所结的果实个小，味道酸涩，不好吃。市售的水果石榴都是专门的甜石榴品种，石榴果中种子很多，古时寓意"多子多福"，很多人都嫌吐籽麻烦，希望能像无籽葡萄、无籽香蕉、无籽西瓜一样，培育出无籽的石榴，但这是不可能的，因为石榴红色透明的食用部位是它们的外种皮，本身就是种子结构的一部分，如果抑制了种子的形成，那石榴就没有东西可吃了。现在也有一种软籽石榴，种子小而柔软，不用吐，可以直接吞咽。

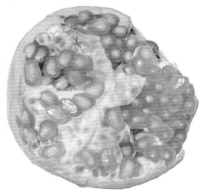

软籽石榴内种皮软而薄

石榴开花枝

石榴果枝

番石榴

拉丁学名：*Psidium guajava*

别名：芭乐

分类类群：桃金娘科 番石榴属

形态特征：乔木；叶长圆形；花白色；浆果球形或倒卵形，绿色。

主要食用部位：外果皮、中果皮、内果皮、胎座

    番石榴原产于美洲热带地区，清代初年传入我国，因为其果实外形与石榴相似，所以叫作番石榴，在闽台地区俗称为"芭乐"。番石榴适应于我国南方的气候环境，所以在东南、华南一带长势良好，产量颇大。番石榴的品种很多，果肉的颜色有白、红、黄等许多种，它果肉的汁水不算丰富，完全成熟前口感比较脆，成熟后会变软，具有独特的香气，果实中心位置比较甜，外周较清淡。在福建一带，人们吃番石榴的方法是把它切成小块，蘸着特制的酸梅粉吃，因此

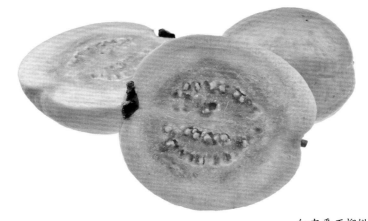

红肉番石榴纵切

黄金番石榴（冰激凌番石榴）

北京市售的番石榴中，有时也会附带一小包酸梅粉。番石榴的果实中有很多坚硬的种子，吃的时候最好放至软熟，慢慢咀嚼，防止硌牙，最好一次不要食用过多，以防影响肠道消化。

近年来，也出现了"无籽番石榴"品种，说是"无籽"，其实只是种子数量少一些而已。

还有一种"黄金番石榴"，也叫"冰激凌番石榴"，它的果实成熟后内外均为淡黄色，口感软糯，味道比普通的番石榴更甜。另外，番石榴的叶可以用来制作饮料，类似茶叶。

莲雾

拉丁学名：*Syzygium samarangense*

别名：洋蒲桃

分类类群：桃金娘科 蒲桃属

形态特征：乔木；叶椭圆形；花白色；果实浆果状，倒圆锥形，淡红色或深红色，顶部四陷。

主要食用部位：外果皮、中果皮、内果皮

　　莲雾原产于东南亚的马来群岛，17世纪传入我国，最开始是由荷兰人带入台湾，后来扩散到福建、广东、海南等地，经常作为行道树种植。莲雾的中文正式名叫作洋蒲桃，因为其果实表面有蜡质光泽，所以英文名叫作wax apple，即"蜡苹果"，它在梵语中叫作jambu，佛经里"南赡部洲"中的"赡部"就是jambu一词的音译。莲雾果实顶端凹陷，边缘有4个向内卷曲的凸起，那是它残存的花萼，花萼下经常有干枯、发霉的雄蕊，吃之前应注意清洗。

　　和很多热带水果一样，人们对莲雾的评价也是两极分化明显，不喜欢莲雾的人觉得它味道寡淡，如同嚼蜡，喜欢莲雾的人觉得它清甜可口。这和莲雾的品种有很大关系，比较原始的品种确实没有

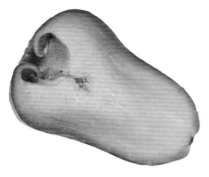

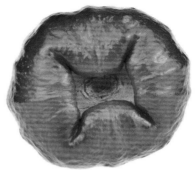

莲雾果实纵切　　　　　　莲雾果实顶部有宿存萼片

什么味道，口感如同海绵，但是好品种的莲雾甜度高，肉质清脆，汁水丰富，具有桉树油的清香味。北京市场上常见的莲雾，都是"黑金刚""黑珍珠"等台湾培育的优质品种，果实个大，颜色深红，味道上乘，不过由于贮运需要，果子往往没有完全成熟，品质会有波动。如果到南方旅游，有时会看到有商贩把小莲雾穿成串卖，那种莲雾个头小，外皮为淡红色，一般都不太好吃。

莲雾果枝

橄榄

拉丁学名：*Canarium album*

别名：青果、白榄

分类类群：橄榄科 橄榄属

形态特征：乔木；奇数羽状复叶，具7～13小叶；花白色；核果纺锤形，内果皮坚硬。

主要食用部位：外果皮、中果皮

　　橄榄原产于我国南方，以福建、广东出产最多。橄榄鲜果入口时最先感受到的是明显的酸味和苦味，随后是鞣酸带来的涩味，咀嚼一会儿后会感觉到清香和"回甘"，这种甘甜味并非仅由糖分带来的，而是糖和一些氨基酸共同作用的结果。在东南沿海地区，人们食用鲜橄榄时，喜欢把它拍碎蘸酱油，当成配饭小菜吃，也可以将其腌制成蜜饯，北京市场上最多见的就是腌橄榄。橄榄的种仁中含有油脂，也可以吃，传统的五仁月饼中用到的其中一种"仁"就是橄榄的近亲乌榄的种子。不过，我们平时说的橄榄油并不是用橄榄

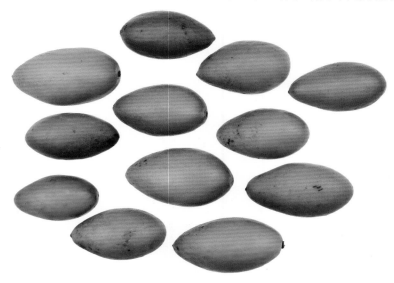

余甘子果实纵切

余甘子

的种仁榨出来的，橄榄油的原植物是木犀榄，也叫油橄榄，它和橄榄的亲缘关系很远，原产于地中海东部，果实用来榨油。在我国南方，有一种水果叫滇橄榄，它也不是橄榄，而是叶下珠科植物余甘子的果实。野生的余甘子果实很小，味道酸涩，但和橄榄一样都有回甘，故而得名。余甘子也被培育出了优质的食用品种，果实个头大，酸涩味也弱一些，商品名写作"油柑"，经常用于制作饮料，在北京市场上也可见到鲜果，一般装在塑料小盒里销售。余甘子的涩味主要来源于鞣酸，如果一次吃下太多，可能会导致轻微的腹泻。

杧果

拉丁学名：*Mangifera indica*

别名：芒果

分类类群：漆树科 杧果属

形态特征：乔木；叶长圆披针形；花黄色；核果肾形或椭圆形，黄色、绿色或红色。

主要食用部位：中果皮

　　杧果原产于亚洲热带地区，它的名字最初来源于梵语音译，"杧果"是其在《中国植物志》中的中文正式名，但实际上很少使用，一般都写作"芒果"。杧果一般在其完全成熟前采摘运输，如果买到了不熟的杧果，可以放置几天，等待它自然成熟、变软，如果希望缩短其后熟过程的时间，可以把它和熟苹果放在一起，利用苹果释放出的乙烯快速催熟。生杧果比熟杧果更容易引起人过敏，所以应该尽量放熟了吃。在北京，杧果一般是作为水果直接吃的，不过在南方一些地区，吃杧果的时候会蘸盐、酱油、辣椒面等调料，还会

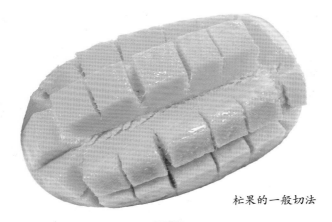

杜果的一般切法

"台农1号"杜果

杜果干

杜果果枝

把生杜果切成条拿来做凉拌菜。杜果如果放置过久，种子会在果核中生根发芽，种在土里可以作为绿植盆景观赏。

杜果的品种众多，外形、颜色差异很大，口味也有明显区别。如果按照大小来分，北京市场上近年来常见的大型杜果有澳杜、凯

杜果花序

特杧、金煌杧等，它们肉质细腻，引起过敏的能力较弱，相对比较安全。中小型杧果里最流行的是桂七和"台农1号"，桂七的外皮为青绿色，有松柏的香味，吃的时候可以只削去最外层的一部分果皮，保留一些内层组织，香味会更浓郁，由于杧果外皮中含有的致敏物质较多，如果怕过敏，还是应该把皮整个削掉；"台农1号"的外皮为金黄色，核很薄，果肉占的比例比较大，很受人们欢迎，但它属于致敏性强的品种，吃的时候需要多加注意。

杧果开花枝

荔枝

拉丁学名：*Litchi chinensis*

分类类群：无患子科 荔枝属

形态特征：乔木；偶数羽状复叶，具4～6小叶；花白绿色；果实核果状，暗红色或红色。

主要食用部位：假种皮

　　荔枝原产于我国南方，苏轼的诗句"日啖荔枝三百颗，不辞长作岭南人"给人留下了深刻的印象，实际上在古代，荔枝的产地除了岭南，还有四川。西汉时期的《上林赋》中提到了"离支"，一般认为这就是荔枝的古名，唐代诗人白居易对此名的解释是"若离本枝，一日色变，三日味变，则离支之名，又或取此义也"，这也说明了荔枝采收后难以保存。

　　荔枝的外皮看似坚固，实则结构疏松，内部的水分散失很快，外面的细菌也容易侵入，从而导致荔枝变质。荔枝的品种众多，北京市场上近年来常见的有桂花香、妃子笑、桂味、白糖罂、无核荔枝、紫娘喜等。桂花香上市最早，四月初就会出现在北京市场；妃子笑价格最低，外皮红绿相间，味道酸甜；桂味略带桂花的香味，外皮的中缝很容易用手捏开；白糖罂肉质偏脆，甜度非常高；无核荔枝的种子细小而干瘪，近似于无核；紫娘喜也叫"荔枝王"或"海南荔枝王"，果实很大，但是味道比前几种略差。荔枝虽然好吃，但是一次不能吃太多，否则会出现低血糖症状，也就是所谓"荔枝病"。如果大量进食荔枝后出现身体不适，应当及时就医。

荔枝可食用部位为假种皮

市场上的荔枝

荔枝果枝

龙眼

拉丁学名：*Dimocarpus longan*
别名：桂圆
分类类群：无患子科 龙眼属
形态特征：乔木；偶数羽状复叶，具6～10小叶；花乳白色；果实核果状，黄褐色。
主要食用部位：假种皮

　　龙眼和荔枝是同科的近亲，食用部位都是种子外面的肉质假种皮，它被采摘下来以后，也同样会很快变色、变质，所以在物流不发达的年代，北京市场上常见的是桂圆干，也就是经过热风吹和日晒的干制龙眼果，直到20世纪末期，才开始逐渐出现新鲜龙眼。龙眼的上市时间一般比荔枝略晚，晋代的《南方草木状》中说："荔枝过即龙眼熟，故谓之荔枝奴，言常随其后也。"不过，由于现在荔枝和龙眼都有了早熟和晚熟的品种，所以它们成熟的先后顺序并不十分严格。龙眼的含糖量很高，古时人们普遍营养不良，所以把龙眼

市场上的龙眼

视为滋补佳品。对于我们现代人来说，它只是一种普通的水果，又因为龙眼所含的各种糖中，果糖的比例很大，如果一次食用过多，摄入大量的果糖可能会导致一些健康问题。所以荔枝、龙眼等高糖水果，适度品尝即可，不宜过量。

龙眼花序

红毛丹

拉丁学名：*Nephelium lappaceum*
分类类群：无患子科 韶子属
形态特征：乔木；羽状复叶，具4～6小叶；花白色；果实核果状，红色或带绿色，表面有毛状凸起。
主要食用部位：假种皮

　　红毛丹中的"丹"字，源于其马来语名字"rambutan"中"tan"的读音，"rambut"意为毛发，指的是它外皮上的软毛状凸起，"rambutan"即为"长毛的东西"，我国翻译时结合了音译和意译，将其译为红毛丹。红毛丹和荔枝、龙眼一样，都是无患子科的植物，食用部位都是肉质假种皮，与荔枝、龙眼相比，它的甜味要清淡一些。另外，荔枝、龙眼的假种皮和种子是分开的，而红毛丹的假种皮和种子大多粘连在一起，剥的时候会带下来一层粗糙的种皮，略微影响口

红毛丹可食部位为假种皮

感。红毛丹原产于东南亚地区，北京市场上所见到的红毛丹，大部分是从泰国、马来西亚等国进口的，我国从1995年开始引种，目前在海南、云南等地有少量种植。红毛丹的果实被采摘下来以后，也很容易变色、变味，购买时应该挑选没有黑斑、毛尖发绿的，这样的比较新鲜。

红毛丹果枝

金柑

拉丁学名：*Citrus japonica*
别名：金橘
分类类群：芸香科 柑橘属
形态特征：灌木；单身复叶；花白色；柑果近球形或椭圆形，橙黄色。
主要食用部位：外果皮、中果皮

　　在市场上，名为"金橘"的植物很多，有些是用于食用的，也有些是用于观赏的。从植物学角度来看，它们实际上是几个不同的物种，如金柑、金橘、金豆等，其中当作水果鲜食的主要是金柑，它的果实近似球形，成熟后皮肉皆甜，而观赏用的金橘的果肉大多是酸的。金柑与其他很多柑橘不同，它的主要食用部位不是内果皮上的泡状毛，而是外层果皮，其皮中挥发性的芳香油带有辛辣味，果中一般都有种子。

　　金柑的变种和杂交种有很多，如金弹、融安金柑、长寿金柑等。金弹也叫美华金柑、宁波金柑，栽培历史悠久，在市场上比较多见。融安金柑也叫滑皮金柑，为广西融安特产，果大味甜，辛辣味微弱，

四季橘

融安金柑（融安金橘）

是金柑中的上品。长寿金柑果实味道较酸，食用价值不太高，可用于制作果酱，我国东南地区喜欢把它当作观赏盆栽，有人认为它是金柑和柑橘类的杂交后代。在很多茶饮店中，都有一种叫作"金橘柠檬"的饮品，其中使用的绿色圆形柑橘虽然也被叫作"金橘"，但实际上是金橘和青柠的杂交种，名叫四季橘，它的香气明显，但味道纯酸不甜。

长寿金柑盆栽

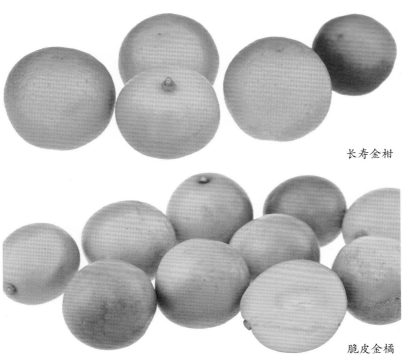

长寿金柑

脆皮金橘

金弹

金柑的花

169

柑橘

拉丁学名：*Citrus reticulata*

别名：橘子、柑、蜜橘、蜜柑

分类类群：芸香科 柑橘属

形态特征：乔木；单身复叶；花白色；柑果扁圆形，橙色。

主要食用部位：内果皮表皮毛

　　我们现在吃的柑橘类水果，基本都是几种野生植物经过复杂的种间杂交后得到的，食用部位大多是内果皮壁上的泡状表皮毛，也就是柑橘瓣里那些半透明的颗粒状结构。根据最新的研究成果，野生的柚子和宽皮橘多次杂交后，得到了混杂橘，混杂橘继续和柚子反复杂交，就得到了甜橙，甜橙再和混杂橘杂交，出来的就是我们现在说的柑和橘，它们大小适中，外皮橙色，松软易剥，味道酸甜。

　　《本草纲目》中说柑和橘的区别是，橘子个小、味酸、皮色偏红，柑个大、味甜、皮色偏黄，其实二者只是同一类中的两个分支品系。南宋名将韩世忠之子韩延直曾写过《橘录》一书，其中记载了当时的几十种柑橘。今天，北京市场上比较多见的橘子是砂糖橘和南丰蜜橘，砂糖橘产于广西，果实个头很小，但甜度高，皮薄无核，在

170

（摄影：唐志远）

芦柑

皇帝柑

春节前后大量上市，很受人欢迎。南丰蜜橘原产于江西南丰，有大果、小果、有核、无核等不同品种，近年来在市场上的受欢迎程度不如砂糖橘。

　　而北京市面上的柑类水果，现在常见的有温州蜜柑和椪柑。温州蜜柑原产于浙江温州，最早源于南宋时期的一些无核变种，它最主要的特征是没有种子，吃起来很方便，种植的时候需要嫁接。

　　椪柑也叫芦柑，最早诞生于唐代，实际上是橘子和甜橙的杂交后代，因为外皮疏松易剥，一般被划分到柑类之中，"椪"和"芦"

砂糖橘

都是古代闽粤地区的方言，意思是绵软、疏松。椪柑的原始产地是福建、广东一带，后来传到云南、台湾，在物流还不像现在这么发达的时候，福建的漳州芦柑曾是北京冬季最常吃的柑橘类水果，因为它的上市时间比较晚，也耐储存，直到元旦、春节的时候都能吃

市场上的砂糖橘

柑橘果枝

到，近年来因为丑橘、砂糖橘、果冻橙等新兴品种的流行，它变得不如过去多见。另外，广东肇庆还出产一种贡柑，也叫皇帝柑，果皮黄色、薄而光滑，容易剥下，味道近于纯甜。一般认为，贡柑是柑和甜橙的杂交后代，更偏向于柑，常常被划为柑的品种。

柑橘的花

柚子

拉丁学名：*Citrus maxima*

别名：文旦

分类类群：芸香科 柑橘属

形态特征：乔木；单身复叶；花白色；柑果较大型，倒卵形或近球形，淡黄色或黄绿色。

主要食用部位：内果皮表皮毛

　　柚子的果实个大、皮厚，瓣上的内果皮也比较厚，味道发苦，一般都会剥掉不吃，它是柑橘类植物中为数不多的原始种，也是胡柚、甜橙、葡萄柚等水果的祖先之一。柚子有好几个品系，北京市场上常见的是沙田柚和文旦柚。沙田柚在清代中期诞生于广东沙田，果实近似于梨形，果柄周围有明显的放射状沟，外皮厚而粗糙，可食用部分相对较少，甜度一般较高，但含水量通常较低，口感稍显

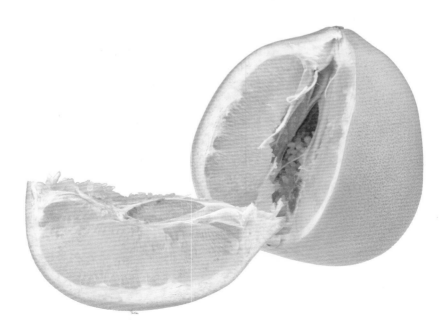

青葡萄柚

红肉柚子

干涩。文旦柚的果实比较圆，外皮薄且光滑，传统品种的味道比较酸，其中改良出的甜味品种，在北京一般叫作蜜柚，如琯溪蜜柚、红心蜜柚等，果肉颜色有白、黄、红等许多种。近年来，北京还出现了一种名为"葡萄柚"的水果，它是一种杂交柚子，外皮有黄、绿两色，汁水非常丰富，味道甜中带酸，种子又大又多，与带有明显苦味的葡萄柚（西柚）并非同一品种，主要产自云南、福建等地。

柚子比较耐储存，但是存久了以后水分会逐渐散失，变得干硬难吃，所以购买时，在同样大小的柚子里尽量挑选较重的买，这样的柚子皮薄、新鲜。如果是挑选蜜柚，还可以观察外皮，外皮光滑的一般比较好吃，说明它没有在外皮的生长上消耗过多养分，而是

南方地区作为行道树种植的柚子

沙田柚果枝

沙田柚开花枝

用于积累糖分和芳香物质了。作为饮料的蜂蜜柚子茶也是用柚子做的，只不过用的不是多汁的果肉，而是最外层芳香的果皮。

柚子植株

甜橙

拉丁学名：*Citrus sinensis*
别名：橙子、广柑
分类类群：芸香科 柑橘属
形态特征：乔木；单身复叶；花白色；柑果球形或椭圆形，橙色。
主要食用部位：内果皮表皮毛

　　甜橙是野生的柚子和宽皮橘经过多次混合杂交后得到的品种，在广东地区也叫广柑，果实为圆形，外皮很难剥开，味道酸甜。甜橙原产于我国南方，后来传到欧美地区，现在品种众多。北京市场上最常见的是脐橙，它最早是1820年在巴西的一个修道院中被发现的突变个体，果实顶端有一个副果，外皮上呈现出类似肚脐眼的环纹，所以叫脐橙。脐橙的副果一般比主果更甜，由于脐橙没有种子，所以需要通过嫁接繁殖。甜橙中还有一类品系叫作血橙，由于其含有大量花青素，所以果肉呈现出深浅不同的红色和紫色，像鲜血一样，故而得名。血橙是15世纪在意大利的西西里岛培育出来的，现在南欧普遍有种植，我国也有引种，北京市场上时常有售。甜橙储存久了以后，容易出现果肉干瘪的现象，同等大小的果子中，相对较重的一般汁水会更充足。

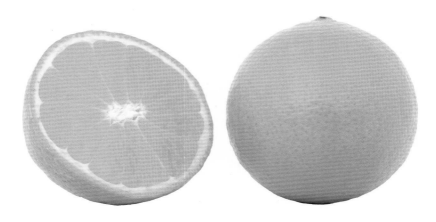

血橙

脐橙果实纵切

市场上的甜橙

179

葡萄柚

拉丁学名：*Citrus paradisi*
别名：西柚
分类类群：芸香科 柑橘属
形态特征：乔木；单身复叶；花白色；柑果近球形，淡黄色或橙黄色。
主要食用部位：内果皮表皮毛

　　葡萄柚也叫西柚，葡萄柚的果实在枝条上密集生长，远看像葡萄，故而得名。一般认为，它最早于1750年出现于美洲的巴巴多斯，后来在世界各地的温暖地区广泛栽培。葡萄柚是柚子和甜橙的天然杂交种，果实也兼有二者的特点，果实大小像甜橙，香气和苦味像柚子，由于它酸味、甜味、苦味都有，富有层次感，所以很受欧美人的欢迎。葡萄柚原始品种的果肉是白色的，有籽，后来逐渐培育出红肉和无籽的品种，北京常见的是后者。葡萄柚也能和其他柑橘类植物继续杂交，比如它和柚子的杂交后代叫作白金柚，其果实味甜无籽，和橘子的杂交后代叫作橘柚，这些品种在北京市场上偶尔有售，不太多

见。葡萄柚以及其他和柚子有遗传关系的柑橘类水果中的一些成分会和他汀、非索非那丁等药物发生反应，干扰人体对药物的吸收，所以服药时要仔细阅读说明书，看看该药是否能与葡萄柚同食。而橘子、芦柑等与柚子遗传关系较远的柑橘类水果，就要安全得多。

柠檬

拉丁学名：*Citrus × limon*
分类类群：芸香科 柑橘属
形态特征：乔木；单身复叶；花白色；柑果椭圆形，淡黄色。
主要食用部位：内果皮表皮毛、外果皮

　　柠檬是一种杂交的柑橘类水果，它的母本是柚子和宽皮橘一次杂交的后代酸橙，父本是香橼，最早诞生于南亚地区。"柠檬"一词最早就是梵语的音译，后来通过中亚、西亚向西传入欧洲，成为了人们常用的芳香植物。柠檬的果汁非常酸，一般不能单独食用，都是作为果汁、糕点或菜肴的配料。柠檬那独特的香气来源于其外层果皮，工业上可以用于提取柠檬精油，日常也可以作为芳香类调料。

　　柠檬也有许多不同的品种，普通的柠檬果实为椭圆形，外皮淡黄色，内部有很多种子，现在市场上还有一种"香水柠檬"，果实形状狭长，外皮绿色，香气优于普通柠檬，内部基本没有种子，也

香水柠檬

佛手

正因如此，种植时需要依靠嫁接技术来繁殖。另外，柠檬也有不酸的品种，北京市场上偶尔可见，它的外形和普通柠檬差不多，果汁几乎没有酸味，但也不甜，有点类似淡而无味的橘子汁，食用价值不高。

柠檬的果汁中含有维生素C，在远洋航海中曾被用于防治坏血病，所以很多人都误以为像柠檬这样的酸味水果维生素C含量高，实际并非如此。柠檬本身的维生素C含量在水果中并不算十分突出，只是由于其容易获取和储存，才会在远洋航海中广泛食用，其实枣、猕猴桃等水果的维生素C含量都远超柠檬。柠檬的亲本之一是香橼，香橼的中果皮很厚，本身不能作为水果食用，我国南方有些地区会用它来煮汤，但是它有一个变种名为佛手，佛手的果实外形奇特，

183

柠檬开花枝

佛手果枝

外果皮和中果皮形成许多手指状凸起，具有浓郁的柠檬香气，过去，北京民间常有人把佛手摆在室内，闻它的香味，作用类似现在的空气清新剂。

香橼

佛手摆件　185

青柠

拉丁学名：*Citrus* × *aurantiifolia*
别名：来檬、莱姆
分类类群：芸香科 柑橘属
形态特征：乔木；单身复叶；花白色；柑果近球形，绿色。
主要食用部位：内果皮表皮毛、外果皮

　　青柠的名字中带有"柠"字，所以常被当成柠檬中的绿色品种，其实它和柠檬是不同的水果。柠檬的英文名是lemon，果实呈椭圆形，两头尖，黄色；而青柠的英文名字是lime，有时也音译为"来檬""莱姆"，果实接近圆形，绿色。青柠的香气和柠檬不同，果汁的酸味非常强烈，比柠檬更不适于单独食用，主要作为调味香料使用，饮料、鸡尾酒和东南亚菜肴中常用到青柠。青柠和柠檬的这些差别，源于它们不同的杂交亲本。柠檬的亲本是酸橙和香橼，因为酸橙是宽皮橘和柚子的杂交后代，所以柠檬也带有橘子和柚子的基

青柠果实纵切

指橙

因，其香味浓郁，酸味柔和一些；而青柠的亲本是香橼和小花橙这两种野生植物，其香味比较清新，但酸味却是青出于蓝而胜于蓝。芸香科植物中，食用方式和青柠相似的还有一种指橙，它的果实形似手指，商品名叫"手指柠檬"，味道很酸，价格昂贵，北京市场上也有销售。果实颜色有绿色、橙色、红色等多种，内部果肉的外形有点像鱼子酱，食用价值和青柠相似，一般不直接吃，而是当作调料或摆盘装饰。

常山胡柚

拉丁学名：*Citrus* × *aurantium* 'Changshan-huyou'

别名：胡柚

分类类群：芸香科 柑橘属

形态特征：乔木；单身复叶；花白色；柑果近球形，黄色。

主要食用部位：内果皮表皮毛

　　常山胡柚的味道酸甜带苦，很多人都会把它和白肉品种的葡萄柚混淆，按照最近的研究进展，它们都和柚子有直接的亲缘关系，只不过葡萄柚是柚子和甜橙的后代，而常山胡柚的起源还不十分明确。有人认为常山胡柚是柚子和酸橙的后代，酸橙又是宽皮橘和柚子杂交一次后的产物，中国自然标本馆（CFH）的数据库中，采取的就是这一观点；也有证据表明，常山胡柚可能是柚子和椪柑的后代。常山胡柚是浙江常山县的特有柑橘品种，当地现存一株树龄100余年的老胡柚树，被称为"祖宗树"，据说现在所有的常山胡柚都是它的后代。与葡萄柚相比，常山胡柚的苦味更淡，甜酸味更明显，更适合中国人的传统口味偏好。常山胡柚的果实在秋末冬初成熟，所以出现在北京市场时，一般都是冬季或早春，它比较耐储存，买回家后就算一时不吃，也能在很长一段时间内保持品质。

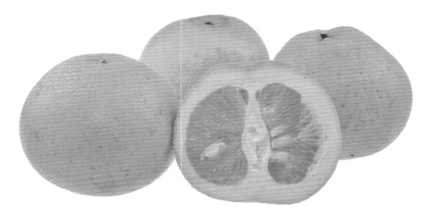

沃柑

拉丁学名：*Citrus 'Orah'*
别名：澳柑
分类类群：芸香科 柑橘属
形态特征：乔木；单身复叶；花白色；柑果扁球形，橙色。
主要食用部位：内果皮表皮毛

　　沃柑有时会被写成"澳柑"，让人误以为它是澳大利亚的水果，实际上这两个名字都是原本的品种名"Orah"的音译，它是以色列选育出的品种，它的两个亲本分别是橘子"Dancy"和用甜橙、橘子杂交出的橘橙"Temple"，果实形状较扁，表面橙红色，外皮比较紧实，不像橘子、芦柑那样宽松易剥。我国于2004年开始引种沃柑，最开始是在重庆试种观察，后来在四川、云南、广西等地推广种植。沃柑的成熟期比较晚，北京一般是在冬末才大量上市。和其他柑橘相比，沃柑最明显的特点是皮薄，整个果实中可食用部分的占比高达75%，且甜度很高，汁水丰富，但是它有一个缺点，就是大多数果实中都带核。

丑橘

拉丁学名：*Citrus* 'Harumi' *Citrus* 'Shiranui'
别名：丑柑、杂柑、橘橙
分类类群：芸香科 柑橘属
形态特征：乔木；单身复叶；花白色；柑果倒卵形或近球形，橙色，表面凹凸不平。
主要食用部位：内果皮表皮毛

　　丑橘也叫丑柑、杂柑、橘橙，它的外果皮松软易剥，果肉脆甜，汁水饱满，是近年来很受欢迎的冬春季柑橘品种。北京市场上常见的丑橘有两种，基本都产于四川，最著名的产地是成都蒲江县，一种是"不知火"，表皮凹凸明显，果顶的凸起一般大而明显，冬末早春上市，口感清脆，味道酸甜；另一种是"春见"，也叫"耙耙柑"，外果皮相对平滑，果顶的凸起较小，冬季上市，汁水比"不知火"丰富一些，酸味较弱，味道以甜为主。

　　这两种丑橘有着类似的杂交过程。1949年，日本静冈县的育种场用甜橙"特洛维塔"和温州蜜柑"宫川早生"杂交培育出一种水果，并以附近的清见寺命名为"清见"，它的果实大小不等，表皮光

"不知火"丑橘

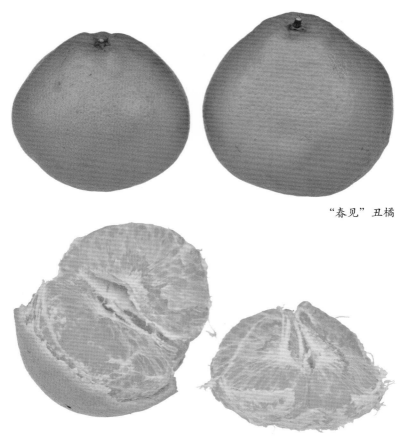

"春见"丑橘

"春见"丑橘

滑紧致，相对比较难剥，这种水果更接近于橙子。椪柑"中野3号"和"清见"杂交的后代就是"不知火"，椪柑"F-2432"和"清见"杂交的后代就是"春见"，这两种丑橘外皮松软的特性都是继承于椪柑，而果实大小、形状不均一的特性继承于"清见"。一般来说，个头太大的丑橘，内部容易出现干瘪现象，所以买的时候应该尽量挑选大小适中、掂起来压手的果子。另外，丑橘果实上的凸起部分完全是外果皮和中果皮，没有食用价值，但是又会占重量，在同等条件下，可以选择凸起较小的果实购买。

果冻橙

拉丁学名：*Citrus* '愛媛果試28号'
别名：愛媛橙、红美人
分类类群：芸香科 柑橘属
形态特征：乔木；单身复叶；花白色；柑果近球形，橙色。
主要食用部位：内果皮表皮毛

　　近年来，有一种新兴的柑橘类水果，商品名叫"果冻橙"，它的汁水非常充足，软嫩化渣，口感类似果冻，故得此名，但它的外皮较为松软易剥，虽然有少量甜橙的基因，但总体更接近于柑橘。果冻橙原本的品种名叫作"愛媛果試28号"，爱媛是日本的一个县，以出产柑橘闻名，这里培育出了一些以"愛媛果試XX号"为名的柑橘品种，其中第28号即为现在国内种植销售的果冻橙。它是用橘子"南香"和橘橙"天草"杂交出来的品种，在日本的商品名为"红麦当娜"，我国引进时译为"红美人"，在四川、浙江等地种植较多，以浙江象山出产的最为知名，冬季上市。另外，果冻橙最早在我国各地推广时，曾用过"愛媛38号"一名，但查询日本农林水产省的数据库，其中并无这一注册品种，此名有可能是早期引种时对"愛媛果試28号"的误写，也有可能是未注册的早期试验品种。

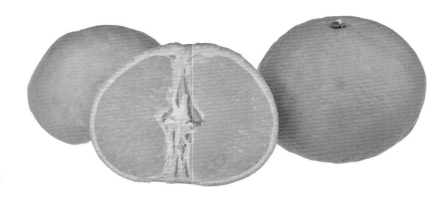

黄皮

拉丁学名：*Clausena lansium*

别名：鸡心果

分类类群：芸香科 黄皮属

形态特征：乔木；奇数羽状复叶；花淡黄色；浆果椭圆形，暗黄色，表面有细毛。

主要食用部位：外果皮、中果皮、内果皮

　　黄皮原产于我国南方的温暖地区，在各种古籍中，还有"黄檀子""黄弹子"等名称，清代《南越笔记》中说它是"六月熟，其浆酸甘似葡萄"，并且还说当时广东有民谚曰"饥食荔枝，饱食黄皮"，认为这样有益健康。黄皮每年夏季上市，果实皮薄，不易保存，长久以来，黄皮都只在我国南方地区流行，近年来随着物流运输业的发展，开始进入北京市场，购买时可凑近闻一下气味，如果果实已经带有类似酒味的发酵气味，说明就不是很新鲜了。黄皮的外果皮有一种独特的刺激性香气，许多人初次吃时，都会觉得不太适应。黄皮有多个品种，按照味道分，大致可分成甜黄皮、甜酸黄皮、酸黄皮三类，按照有无种子分，可分为有籽黄皮和无籽黄皮，北京市场上多见的是甜味有籽黄皮。

玫瑰茄

拉丁学名：*Hibiscus sabdariffa*
别名：洛神花
分类类群：锦葵科 木槿属
形态特征：草本；茎直立；叶掌状3深裂或不裂；花白色或淡红色，萼片紫红色。
主要食用部位：萼片、苞片

　　玫瑰茄也叫洛神花，原产于非洲西部地区，1910年引入我国栽培。玫瑰茄的茎秆中富含纤维，在原产地曾是一种纤维作物，现在由于产量和质量都不如棉花而被取代，仅仅作为水果栽培。玫瑰茄的主要食用部位是肉质的花萼和花下苞片。虽然玫瑰茄的食用部位不是果实，但是要等到果实成熟后，其萼片和苞片才有食用价值。玫瑰茄被采摘下来后，一般需要用特殊的工具把果实从花萼中分离出来，以保证形状和口味。玫瑰茄有独特的香味，但是直接吃比较酸，一般需要另外加糖，也可以将其加工成果酱、果酒，其中含有的飞燕草素、矢车菊素等花青素类物质可以使成品呈现出鲜艳

玫瑰茄泡水后呈现红色

的红色。玫瑰茄色素的颜色只能在酸性环境下保持稳定，溶液pH值大于5时，红色会逐渐变浅，甚至是变黄，所以用干玫瑰茄泡水时，如果想让它保持鲜艳的颜色，最好不要把它和碱性的茶水混合到一起。

新鲜的玫瑰茄果枝

榴梿

拉丁学名： *Durio zibethinus*

别名： 榴莲

分类类群： 锦葵科 榴梿属

形态特征： 乔木；叶长圆形；花淡黄色；蒴果淡黄色或黄绿色，表面密生短刺状凸起。

主要食用部位： 假种皮

  榴梿原产于马来西亚、印度尼西亚一带，在东南亚各国广泛栽培，我国云南、海南一些地区的气候可以满足榴梿成活的条件，但是目前还没有形成产业，所以目前国内市面上的榴梿都是进口的。

  很多人认为榴梿是非常臭的水果，这是一个小误解。国内出售的榴梿，大多是在完全成熟前就采收下来了，然后再慢慢成熟，在这个过程中，榴梿的臭味会变得更加明显，如果是在树上自然成熟的榴梿，味道以香甜为主，臭味比较淡。

  我国市场上常见的榴梿整果，大多数是泰国的"金枕"品种，买的时候可以观察它的底部，微微开裂的品质比较好，不裂的会比较生，裂口很大则过熟，内部容易变质。另外，还可以轻轻按压榴梿的外皮，成熟的榴梿会略有弹性。一个榴梿果实中，并非所有果肉

冻品榴梿果肉

都一定能正常发育，经常会出现干瘪的情况，一般来说，外形圆润的果实，内部出肉会比较多。除了"金枕"外，近年来"猫山王""苏丹王"等高级品种也已可以进口，北京市场上也能买到这些品种的果肉、果泥，偶尔还有整果出售。高级品种的榴梿价格昂贵，普通消费者又很难准确鉴定品种，所以购买前最好仔细查阅相关信息，以免被商家以次充好。

市场上的榴梿

番木瓜

拉丁学名： *Carica papaya*

别名： 木瓜

分类类群： 番木瓜科 番木瓜属

形态特征： 乔木；叶聚生于茎顶，近盾形，掌状深裂；花乳黄色；浆果长倒卵形，橙黄色。

主要食用部位： 中果皮、内果皮

　　番木瓜经常被人简称为"木瓜"，实际上真正的木瓜另有他物。真正的木瓜是我国原产的蔷薇科植物，果实又硬又酸，不能直接吃。作为水果食用的番木瓜是番木瓜科植物，原产于美洲热带地区，栽培历史已有6000多年，在明末引入我国，现在华南、东南地区广泛栽培。

　　番木瓜是雌雄异株植物，但是它的植株性别并不只有雌、雄两种，而是有复杂的5种性别，并且不稳定，受伤或者遇到环境条件剧烈变化时，植株性别可能会发生变化，这也导致了同一株番木瓜植珠上在不同年份可能会结出来饱满程度不同的果实。有时候，我们切开番木瓜后，会在其中发现一个微缩版的小果，这是它的副果，

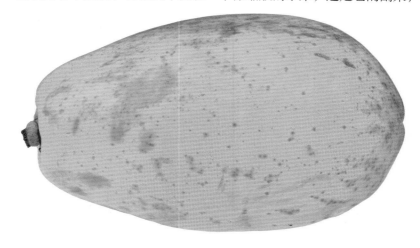

番木瓜果实纵切

属于正常现象。

番木瓜在成熟之前也可以吃，不过味道很酸，不适合当成水果鲜食，而是用于凉拌、炒菜，在东南亚菜肴中很常见。番木瓜中含

青木瓜沙拉

番木瓜雌花

有木瓜蛋白酶，这种酶可以分解蛋白质，还可以提取出来做嫩肉粉。如果将鲜番木瓜和牛奶混合，会使牛奶变成凝冻状，还会带有苦味。近年来，有传言说番木瓜能够刺激雌激素分泌，这并没有科学依据。

番木瓜雄花

番木瓜植株

火龙果

拉丁学名：*Hylocereus undatus*

别名：量天尺、霸王花

分类类群：仙人掌科 量天尺属

形态特征：攀援灌木；茎肉质、三棱；叶呈短刺状；花白色；浆果紫红色，表面有鳞片状肉质凸起。

主要食用部位：胎座

　　火龙果是仙人掌科植物量天尺的果实，它的茎也经常作为绯牡丹等观赏仙人球的嫁接砧木，原产于美洲热带地区，我国在华南、东南一带可以种植。火龙果的味道清淡微甜，没有明显的香气，有

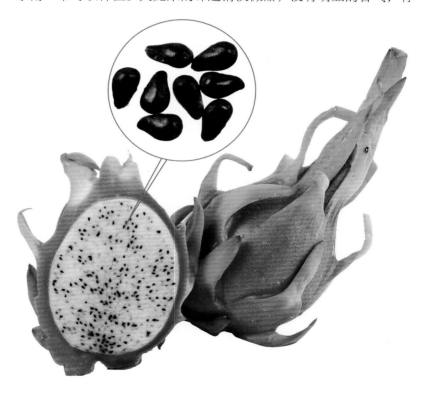

红肉火龙果

黄火龙果（燕窝果）

的人喜欢，也有的人嫌它淡而无味，实际上火龙果的含糖量很高，需要控制糖分摄入的人群不宜一次食用过多。

北京市场上常见的火龙果有红皮白肉和红皮红肉两类，它们并非同一物种的不同品种，而是不同植物的果实。红肉火龙果的甜度比白肉的略高，它的红色来源于甜菜红素，这种色素在人体的消化道内不会被分解，会随着小便、大便排出，看上去有些吓人，不过对人体健康并无不良影响。还有一种黄皮白心的火龙果，商品名叫"燕窝果"，它比红皮的两种火龙果味道更甜，种子更大，但因为产量低，所以价格昂贵。

仙人掌科植物中，果实可作水果食用的有很多种，北京市场上除了各种火龙果外，还可见到梨果仙人掌的果实，商品名叫作"仙

火龙果果枝

梨果仙人掌

桃"或"仙人掌果"，在我国主要产自西南地区，在云南迪庆、四川泸定等地多有出产。梨果仙人掌的浆果椭球形或梨形，表皮淡绿色，内部结构与火龙果类似，主要食用部位也是胎座，味道清甜，但果实个头比火龙果小，可食用部分占的比例也更小，种子又多又硬，吃时可以整体吞下，不必仔细吐籽，由于这些种子很难消化，所以一次最好不要食用过多，以免引起肠道不适。梨果仙人掌果实外皮上也有许多小刺，徒手触摸很容易扎伤，吃之前应该戴上橡胶或塑料手套，先用刀在果实上纵切一刀，然后再掰开，吃里面的胎座部分。同属的缩刺仙人掌果实也可食，内部的肉为鲜艳的紫红色，味道很酸，多用来制作饮料，食用价值不如梨果仙人掌。

柿

拉丁学名：*Diospyros kaki*

别名：柿子

分类类群：柿科 柿属

形态特征：乔木；叶卵状椭圆形；花淡黄色；浆果椭圆形或扁圆形，橙色或橙红色。

主要食用部位：中果皮、内果皮

　　柿子是北京秋季的重要水果，大部分是本地出产的，除了郊区果园外，城区也有很多柿子树，都是可食品种。北京最出名的柿子产地是房山区，早在明清时期就开始种植了，大多是磨盘柿，它的果实个大，中间有一道横向的沟，将果实分成上、下两部分，形似磨盘，故而得名。磨盘柿的种子一般不发育，果肉成熟后会完全软化，如同果汁一般，根据种植条件不同，有清汤柿和浑汤柿之分，其中清汤柿汁多味甜，更受欢迎。陕西的火晶柿也是一种软柿子，它的个头很小，颜色鲜红，成熟后完全软化，甚至可以用吸管嘬着吃。

　　另外，近年来南方出产的脆柿子品种在北京市场上也多了起来，它们成熟后口感清脆，不过如果放置过久，最后也会变软。柿子的各种品种，大体可以分成甜柿和涩柿两类。甜柿的果实在软化前就能挂在树上自然脱涩，摘下来可以直接吃，而涩柿在树上不能自然脱涩，采收下来后需要经过人工脱涩才能吃，磨盘柿就属于涩柿。

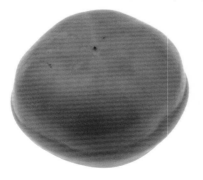

火晶柿

将涩柿脱涩的方法很简单，北京俗称"搅柿子"，把柿子放在室内静置几天一般就可以了，如果用温水浸泡，一昼夜就可以脱涩。

柿饼

柿饼是北京的传统干果，以前冬季，京城流行一种小吃叫"果子干儿"，主料就是柿饼、杏干和藕。制作柿饼时使用的柿子，并不是常见的磨盘柿，而是火柿、杵头扁柿、富平尖柿等硬一些的品种。北京地区制作柿饼的传统工艺是：将柿子在秋天采收下来以后，先削皮，然后晾晒，等干燥到含水量30%左右的程度，再将其逐个捏成饼状，和之前削下来的干柿皮一起放在大缸中窖藏即可。在这个过程中，柿子中的葡萄糖会迁移到柿饼表面，形成白霜。有人误以

市场上的柿饼

为柿饼表面的白霜是石灰，将它洗掉再吃，其实大可不必。传统工艺做出来的柿饼是扁圆形的饼状，近年来市场上也有细长侧扁的柿饼，它和扁柿饼只是工艺不同，没有经过捏扁这道工序，二者没有本质区别。

柿的开花枝

柿的果枝

君迁子

拉丁学名：*Diospyros lotus*

别名：黑枣

分类类群：柿科 柿属

形态特征：乔木；叶长椭圆形；花淡黄色；浆果椭圆形，橙黄色或蓝黑色。

主要食用部位：中果皮、内果皮

　　君迁子在北京的俗名叫作黑枣，但它并不是枣，而是柿子的近亲。君迁子的果实在秋冬季节上市，果皮完全成熟前是黄色的，软熟后会变黑，因为形状像枣，所以也叫黑枣。君迁子味道很甜，但必须要变黑后才能吃，否则会有明显的涩味，在北京一般不用于鲜食，而是在冬季穿串做成冰糖葫芦。北京地区的君迁子有好几个品种，其中的无核品种主要作为水果食用，有核的品种大多数作为柿子的嫁接砧木来种植。北京的柿子树基本都是嫁接到君迁子树上长大的，我们在柿子树干上经常能够看到一道环形伤痕，这是嫁接留下的痕迹，伤痕之上是柿子树，之下是君迁子树，这种作为砧木的

君迁子树一般不会开花结果，不过有时它会从附近地下根系上抽出枝条，长成小树。君迁子和柿子都含有大量鞣酸，与胃液中的成分发生反应后，容易形成坚硬团块，引起胃石症，所以最好不要空腹吃太多。

君迁子果枝

中华猕猴桃

拉丁学名：*Actinidia chinensis*
别名：猕猴桃、奇异果
分类类群：猕猴桃科 猕猴桃属
形态特征：藤本；叶宽卵形；花白色；浆果椭圆形，表面有黄色糙毛。
主要食用部位：中果皮、内果皮

　　猕猴桃属的植物主要产于我国，有人说《诗经》中的"苌楚"指的就是它，但是并无可靠依据。猕猴桃在我国的最早记载出现于唐代，岑参的诗中就写道"中庭井栏上，一架猕猴桃"，这说明当时的猕猴桃已经被引种到庭院中了。我国的野生猕猴桃有50多种，其中食用价值最高的是中华猕猴桃，它的外皮上有浓密的糙毛，《本草纲目》中说它是"其形如梨，其色如桃，而猕猴喜食，故有此名"。但是中华猕猴桃成熟后是褐绿色的，并不是很像桃子，可能是古人考证有误。

　　在清代，有许多外国植物学家都看中了中华猕猴桃的发展潜力，把它引种到了欧美国家，但由于中华猕猴桃是雌雄异株，当时

"海沃德"绿肉猕猴桃

引种时没有把雌、雄株都引走，所以一直无法结果。1904年，一位新西兰教师来中国旅行，带了一些中华猕猴桃的种子回国，这些种子发芽后长出的植株中雌、雄株都有，可以结果，这也是中华猕猴桃作为水果培育的开始，培育后，成了优质的食用品种，名叫"海沃德"，后来经鉴定，它属于中华猕猴桃的一个变种，名叫美味猕猴桃。新西兰果农看到猕猴桃果实外面有绒毛，和新西兰特产的几

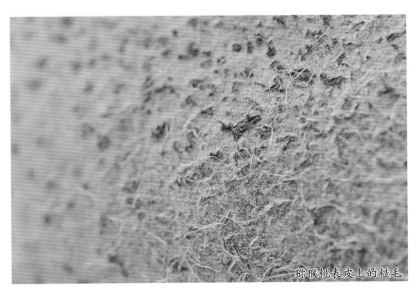

猕猴桃表皮上的糙毛

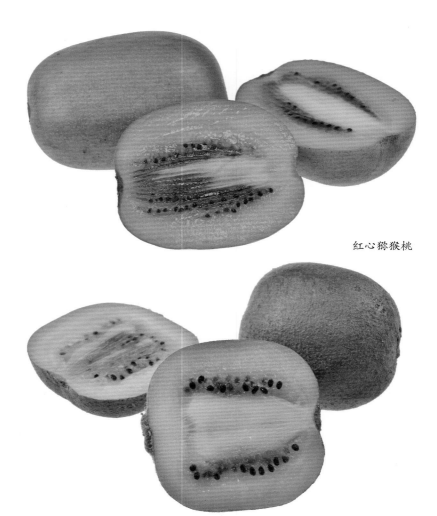

红心猕猴桃

"Hort-16A" 黄肉猕猴桃

维鸟（kiwi）相似，所以称之为 kiwi fruit，国内有时会翻译成"奇异果"。北京市场上常见的猕猴桃有绿、黄两种，绿肉的就是"海沃德"，黄肉的是中华猕猴桃原变种的品种。近年来还有一类红心猕猴桃，它们也是中华猕猴桃原变种的品种，基本都是我国自主选育的。

　猕猴桃有后熟现象，一般都是在八九分熟时采摘，然后慢慢放

中华猕猴桃果枝

到全熟。如果没有熟透，猕猴桃会又硬又酸，要是买到了这样的猕
猴桃，可以和香蕉、苹果等水果放在一起，利用它们释放出来的乙
烯来快速催熟。现在，也有一些商家销售"即食猕猴桃"，这类猕猴
桃上市时就已经熟透了，不必放软就可以吃。

中华猕猴桃开花枝

软枣猕猴桃

拉丁学名：*Actinidia arguta*
别名：软枣子、奇异莓
分类类群：猕猴桃科 猕猴桃属
形态特征：藤本；叶长卵形；花乳白色；浆果椭圆形，绿色，光滑。
主要食用部位：中果皮、内果皮

　　在北京的市场上有时会看到一种名为"奇异莓"的水果，它的大小像枣，外皮光滑，没有硬毛，果实顶端常有宿存的柱头，口感像放软的猕猴桃，味道类似于葡萄，外皮略有涩味，熟透以后往往会非常软烂，咬开外皮就可以把果肉吸出来。这种"奇异莓"实际上是软枣猕猴桃的食用品种，和中华猕猴桃、美味猕猴桃都是近亲，名字中"奇异"二字就是来源于美味猕猴桃的另一个译名——"奇异果"。软枣猕猴桃在我国分布广泛，从东北到华南都有，在东北地区有时也被称为"圆枣子"，它过去只是山间野果，近年来才被选育成了水果，开始商业化栽培，品种众多，果实形状有长有圆，颜色从绿色、红色到紫色都有，北京市场上常见的是圆形或长形的绿色品种。北京的山区林缘地带，也经常可以看到野生的软枣猕猴桃，果

软枣猕猴桃果实上的宿存柱头

实也可以吃，但品质比经过驯化的品种要差不少，不建议采食。同属植物葛枣猕猴桃在北京也有分布，它的果实不太甜，没成熟时还有辛辣味，食用价值更低，有些地区会用它来酿酒。

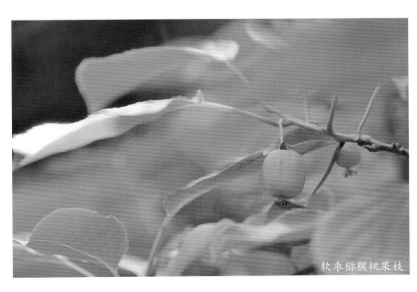

软枣猕猴桃果枝

蓝莓

拉丁学名：*Vaccinium* spp.
别名：北美蓝莓
分类类群：杜鹃花科 越橘属
形态特征：灌木；叶披针形；花白色；浆果扁球形，蓝紫色。
主要食用部位：外果皮、中果皮、内果皮

　　广义上的蓝莓，泛指杜鹃花科越橘属中一些果实紫黑色、可以食用的物种，但是其中有些种类，比如欧洲的黑果越橘、我国东北地区的笃斯越橘等，并没有作为水果选育和大规模栽培。我们现在在市场上看到的盒装水果蓝莓，都是北美洲的种类，包括矮丛蓝莓、兔眼蓝莓、北高丛蓝莓以及一些杂交种，这些在我国都有引种，山东半岛和云南的产量较大，引种的主要品种有"都克""蓝丰""北陆"等。蓝莓的自然成熟时间在夏季，虽然在北京全年都能买到，但还是夏季时品质最好，价格最便宜。蓝莓外皮软而薄，完全成熟后容易磕碰损伤，一般都会提前采收，因为装在塑料盒里售卖，所以仅

蓝莓果枝

从外观看不出其成熟程度。如果买回去发现果实质硬味酸，可以在冰箱中存放几天，它就可以慢慢成熟、变甜。蓝莓和许多草本及灌木类果树一样，都可以在家庭中种植，但它大多需要异株传粉，所以只种一棵很难收获果实。

蓝莓开花枝

蔓越莓

拉丁学名：*Vaccinium* spp.
别名：小红莓
分类类群：杜鹃花科 越橘属
形态特征：低矮灌木；花淡红色；浆果球形，红色。
主要食用部位：外果皮、中果皮、内果皮

蔓越莓原产于北美洲偏北部的沼泽湿地，是一类匍匐生长的小灌木，包括好几个物种，其中最常见的是大果越橘，果实为红色或白色，鲜食味道纯酸，略带涩味，一般都是用于加糖制成果汁、果酱或果干。以前，北京市场上常见的只有果干等蔓越莓制品，现在也有产自黑龙江抚远的蔓越莓鲜果出售，可以用来泡水喝。蔓越莓有着独特的种植和采收方式：它喜欢酸性的湿润土壤，所以在农田周围种植时需要垒起一圈矮堤，方便浇水；采收时在堤中灌满水，然后用工具摇动，使成熟的蔓越莓从枝条上脱落，它的果实比较硬，内部有4个中空的气室，所以会浮到水面上，这时就可以用机器捞取收集了，也顺便清洗掉了果实表面的泥土。蔓越莓鲜果保质期很长，在冰箱冷藏室中常可储存几个月而不变质。近年来，有传言说蔓越莓可以治疗泌尿系统疾病，这个说法并没有实证。许多蔓越莓制品中都含有大量的添加糖，所以不宜一次吃太多。

蔓越莓果实横切，可见中空的气室

蔓越莓结果植株

水果番茄

拉丁学名：*Lycopersicon esculentum*
别名：小番茄、樱桃番茄、圣女果
分类类群：茄科 番茄属
形态特征：直立草本；叶羽状深裂；花黄色；浆果扁球形或近球形，橙色或红色。
主要食用部位：外果皮、中果皮、内果皮

　　番茄味道酸甜，可以作为蔬菜，也可以作为水果，一般说的"圣女果"，指的就是一些果实较小的红色水果番茄品种。与普通的蔬菜番茄相比，圣女果等水果番茄不仅果实体积小，香气也更浓郁，很多人认为这是水果番茄新培育出的性状，实则不然，这些都是原始番茄的特点。作为蔬菜的番茄，在选育方向上会追求体积大、颜色红润均匀、外果皮厚实，这样能耐受机械化采收和贮运，但达到这些目标的副作用是会丢弃掉番茄中许多和糖分、风味相关的基因，这样选育出来的就不那么好吃了。而水果番茄的选育方向相反，保留了很多和糖分、风味相关的原始基因，所以生吃时味道就会好很多。

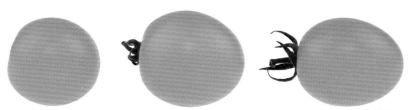

柠黄蜜茄

樱桃番茄品种众多

樱桃番茄果枝

香瓜茄

拉丁学名：*Solanum muricatum*

别名：人参果

分类类群：茄科 茄属

形态特征：直立草本；叶长披针形；花白色；浆果椭圆形，黄色且带紫色条纹。

主要食用部位：外果皮、中果皮、内果皮

香瓜茄在市场上一般叫作人参果，它与番茄、辣椒、茄子、土豆一样，都是茄科植物。香瓜茄是一种比较低矮的草本植物，原产于南美洲安第斯山地区的秘鲁、智利等国，是当地常见的水果。我国在20世纪末期开始引种，将其商品名定为"人参果"。香瓜茄完全成熟后，清甜软糯，有哈密瓜的香味，但是这时它会变得很容易破损，难以贮藏运输。20世纪90年代，北京市场上销售过一阵子香瓜茄，当时的香瓜茄全都是半熟的，外皮白色，具有紫色条纹，淡而无味，很不好吃，所以少人问津，迅速淡出市场。近年来随着物流快速发展，北京市场上才出现了主产自云南的全熟香瓜茄。香瓜茄完全成熟的标志是外皮从白色变成黄色，买的时候应该尽量挑选颜色比较黄的。另外，香瓜茄也有不同品种，果实有大有小，味道和口感没有太大差别，可随意选购。除了香瓜茄，在市场上偶尔还

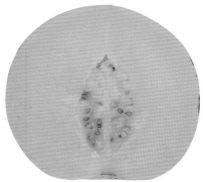

香瓜茄果实未成熟时呈白色

香瓜茄果实成熟后呈黄色

能看到一种和《西游记》中描写相似，形状像娃娃的"人参果"，这其实是套在模具中长出来的甜瓜，跟人参和香瓜茄都没有关系，更没有什么特殊的食用价值和药用价值。

香瓜茄的花

灯笼果

拉丁学名：*Physalis peruviana*
别名：姑娘
分类类群：茄科 酸浆属
形态特征：直立草本；叶阔卵形；花黄色；浆果球形，橙黄色，外有黄褐色宿存萼片。
主要食用部位：外果皮、中果皮、内果皮

　　灯笼果原产于南美洲北部，约于明代末年传入我国，逸为野生，现在很多地方将其作为水果栽培生产，在北京一般是秋季上市，橙黄色的浆果外面有一层淡黄色的纸状结构，那是它宿存的花萼，浆果味道酸甜，还有一股类似牛奶的香味。灯笼果是茄科酸浆属植物，人们一般把这类植物统称为"姑娘"，发音类似于"姑蔫儿"，李时珍在《本草纲目》中考证说这类植物古名叫"瓜囊"，后来转音变成了"姑娘"。我国也有原产的酸浆属植物，如北京就分布有挂金灯，它是酸浆的变种，花萼和果实都是红色的，成熟以后，花萼上的叶肉会脱落，形成像灯笼一样的网状结构。《本草纲目》记载："燕京野果名红姑娘，外垂绛囊，中含赤子如珠，酸甘可食，盈盈绕砌，与

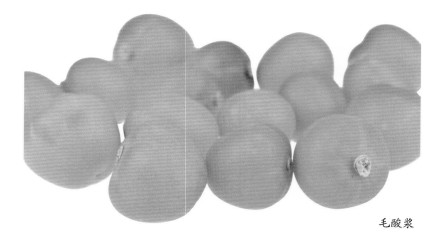

毛酸浆

灯笼果外有宿存花萼

翠草同芳，亦自可爱。"说的就是这种酸浆，它虽然也能吃，但是没有人工栽培，所以市面上未见销售。茄科还有一种植物叫作假酸浆，植株外形和灯笼果、挂金灯比较相似，它的果实不能直接吃，但是种子中含有大量果胶，溶在水中后可凝固成透明的冻儿，我国南方流行的传统小吃"冰粉"，很多就是用假酸浆的种子做的。

灯笼果开花枝

挂金灯

宁夏枸杞

拉丁学名：*Lycium barbarum*
别名：枸杞子
分类类群：茄科 枸杞属
形态特征：灌木；叶长圆形或披针形；花紫色；浆果椭圆形，红色。
主要食用部位：外果皮、中果皮、内果皮

　　枸杞子并不是枸杞的果实，而是宁夏枸杞的果实。宁夏枸杞和枸杞是同属的近亲，宁夏枸杞形似小树，枸杞大多匍匐生长；它们花萼、花冠的形态也有不同；枸杞的果实虽然也能吃，但是很少有规模化栽培，北京有出产，常有人摘其嫩芽当作野菜。新鲜的宁夏枸杞果实，带有一股苦味，晒干或烘干后苦味会减轻，市售的基本都是干制品。宁夏枸杞鲜艳的红色来源于其中的类胡萝卜素类物质，它难溶于水，所以泡水时不会褪色。还有一种黑枸杞，它是黑果枸杞的果实，富含花青素，花青素易溶于水，泡水后就会释放出来，在不同酸碱度的水中，黑枸杞呈现出的颜色也不一样，纯净水泡出的一般是紫色，北京的自来水经常偏碱性，泡出来往往会呈现蓝色。

黑果枸杞

有人说黑果枸杞因为富含花青素，所以有很高的保健价值，事实并非如此，蔬菜水果中的花青素类物质对人体的保健作用微乎其微，而且富含花青素的植物很多，也没有必要追求黑果枸杞一种。

宁夏枸杞果枝

雪莲果

拉丁学名：*Smallanthus sonchifolius*
别名：菊薯
分类类群：菊科 包果菊属
形态特征：直立草本；块茎纺锤形；茎中空；花黄色。
主要食用部位：块茎

　　雪莲果是近年来新兴的水果，它和菊科风毛菊属的雪莲花没有关系，原产于南美洲安第斯山区，秘鲁的产量最大，它地下的纺锤状块茎外皮紫红色，内部白色或淡黄色，看上去很像番薯，又是菊科植物，所以传入我国后曾被译为"菊薯"，后来又被商家起名"雪莲果"，以增加销量。雪莲果的植株高大，叶和花的形态有点像向日葵，多个块茎聚生在一起，这也是它主要的食用部位。块茎的外皮部分有明显的蒿子味，吃之前要削掉，内部味甜多汁，口感清脆，切开接触空气后，断面会迅速由白变黄，这种现象并不影响食

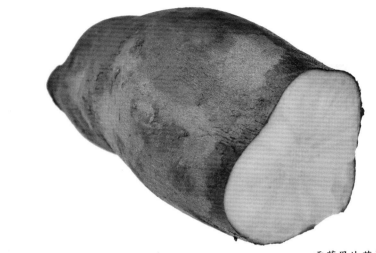

雪莲果块茎横切

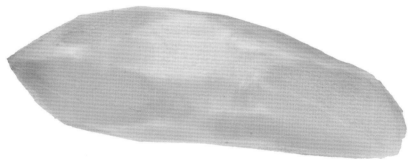

去皮雪莲果

用，如果想避免，可以切开或削皮后马上用热水烫一下，然后冷藏。雪莲果块茎除了作为水果鲜食，也可以煮汤、炒菜，或加工成果干、果粉等食品，它含有大量的低聚果糖，这是一类水溶性膳食纤维，热量很低，经常食用雪莲果有利于控制血糖、血脂，以及缓解便秘症状，但要注意的是它只是一种食物，不能替代药物，并且如果一次食用过多，还经常会出现腹泻现象。雪莲果被采收以后，所含的低聚果糖会慢慢转变成蔗糖、葡萄糖，甜度升高，口味变好，但是在维持人体健康方面的功效略有降低。

银杏

拉丁学名：*Ginkgo biloba*
别名：白果、公孙树、鸭脚子
分类类群：银杏科 银杏属
形态特征：乔木；叶扇形；种子卵形，橙黄色。
主要食用部位：种子

银杏是我国特产植物，野生种群仅分布于浙江等少数地区，全国各地都有栽培。银杏树的生长速度并不慢，但是从树苗到结出种子需要很长时间，所以也俗称为"公孙树"，意思是说爷爷种树，到孙子辈才能吃到银杏。银杏是裸子植物，没有真正的花和果实，种子裸露，外面有一层橙色、肉质的外种皮，腐烂后很臭，因此采收之后需要通过堆放或者机械处理的方式去掉。北京许多地方都有种银杏树，秋天雌树种子成熟落地后，经常使环境变得臭不可闻，有些人会趁机捡拾种子，这种行为有损公德，不应提倡。

去掉了外种皮的银杏种子称作白果，胚乳肉质，有淡淡的香味

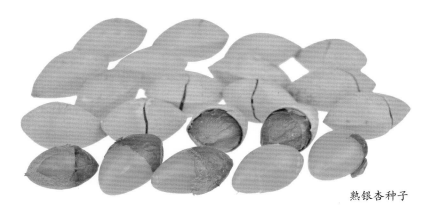

熟银杏种子

和苦味，可以食用，一般是烤着吃或者炖汤，日式餐馆中，常会供
应盐烤银杏，作为佐酒小菜。北京市场上出售的银杏，既有带着坚
硬内层种皮的生银杏，也有加热处理过的熟银杏。银杏含有氰苷
类毒素，生食数十颗就可能引起中毒，加热后可以降低毒性，所
以出于食品安全考虑，银杏应该熟食，并且不应一次吃太多，吃
后如果出现恶心、腹痛、四肢无力、呼吸困难等症状，需要及时
就医。

秋天掉落满地的银杏种子

红松

拉丁学名：*Pinus koraiensis*
别名：朝鲜松、韩松、果松、红果松
分类类群：松科 松属
形态特征：乔木；针叶5针一束；球果圆锥形；种子红褐色。
主要食用部位：种子

　　我国作为干果食用的厚壳松子，大多数是红松的种子，个大饱满，少数为华山松等其他松树的种子，比红松的要小一些。红松在我国主要产于东北地区，它属于裸子植物，没有真正的花和果实，种子裸露，生于球果（松塔）内，成熟后脱落，掉到地上，吸引松鼠等有贮藏食物习性的动物收集、埋藏，以此来传播种子。除了传统的厚壳松子外，近年来还出现了一种形状细长、外壳很薄的"巴西松子"，它是西藏白皮松的种子，和南美洲的巴西并没有关系。西藏白皮松分布于中亚到我国西藏自治区一带的山地，需要人力采摘，成本高，所以巴西松子的市场售价也比较贵。

红松成熟球果（松塔）

开口松子

西藏白皮松种子（巴西松子）

235

澳洲坚果

拉丁学名：*Macadamia* spp.
别名：夏威夷果
分类类群：山龙眼科 澳洲坚果属
形态特征：乔木；叶椭圆形；花白色；核果球形，绿色，内果皮坚硬。
主要食用部位：种子

　　澳洲坚果原产于澳大利亚东部，19世纪后期被引入美国夏威夷，所以也叫夏威夷果。目前，我国南方许多地区都有种植，以云南、广西的产量最大，主要在秋季收获，足以供应市场。澳洲坚果属的植物中，主要栽培食用的有两种，即澳洲坚果（光壳澳洲坚果）和四叶澳洲坚果（粗壳澳洲坚果），前者的叶片在枝条上3枚轮生，品质好，种植较多，后者叶片在枝条上4枚轮生，品质要差一些，常作为前者的嫁接砧木。澳洲坚果的果实球形、绿色，外、中果皮肉质，不可食用，骨质的内果皮非常厚实坚硬，在加工过程中，需要用机器在上面锯开一道缝，吃的时候再用铁片类的专用工具撬开，

其内部的种子油脂含量很高，吃起来有类似于奶油的香味。澳洲坚果在新鲜的时候就可以食用，但种子会紧贴在内果皮的内壁上，难以取下，经过干燥或烘烤后，种子不仅香气会变浓，体积也会缩小，与内果皮分离，就比较容易取下来了。除了直接吃，澳洲坚果也经常作为糕点、巧克力的配料。澳洲坚果和落花生类似，与甘蔗等纤维含量丰富的食物一起咀嚼时，可以让其中的纤维变得柔软易吞咽，这有可能是因为澳洲坚果中含有某些能分解木质素或纤维素的物质，具体是什么物质，目前还不清楚。

澳洲坚果果枝

四叶澳洲坚果开花枝

落花生

拉丁学名：*Arachis hypogaea*
别名：花生
分类类群：豆科 落花生属
形态特征：草本；偶数羽状复叶，具4小叶；花黄色；荚果圆柱形，膨胀，表面凹凸不平。
主要食用部位：种子

  落花生在北京一般称作花生，原产于南美洲，明代前期传入我国福建，当时传来的是龙生型小粒花生，植株匍匐生长，种子较小。我们现在吃的大花生，最早是于1862年从美国引进的"弗吉尼亚"品种，由于产量大、适应性强、植株丛生、便于采收，所以之后在我国各地广泛栽培。落花生的花在完成授粉后，雌蕊基部会伸长，向下钻到土里，如果没有钻进去，就不能发育成果实。采收落花生时要从地里拔取，就好像是花生落到地里生长一样，所以叫落花生。很多欧美人都对落花生过敏，但是中国人对落花生过敏的比例比较低，除了体质差异和日常食用量差异外，还有一个重要的原因就是

烤花生仁

中国现在栽培的落花生品种，致敏蛋白的含量比欧美的低。落花生与甘蔗一同咀嚼，能令甘蔗的纤维变软，具体原因现在还不十分清楚。

在北京地区，落花生的吃法很多，花生仁炒熟或烤熟后可当成零食，油炸或煮熟后也可当作佐餐或下酒的小菜。落花生种子中的油脂含量很高，是一种重要的油料作物，在我国的油料作物中，种植面积排行第三，仅次于大豆和油菜，不过也正因为它含油量高，所以不宜过量食用，以免脂肪摄入量超标，影响健康。

落花生开花植株

扁桃

拉丁学名：*Amygdalus communis*

别名：巴旦杏、美国大杏仁

分类类群：蔷薇科 桃属

形态特征：乔木；叶披针形；花粉红色；核果扁椭圆形，绿色，表面有绒毛，成熟后开裂。

主要食用部位：种子

　　扁桃原产于西亚和中亚地区，栽培历史已有四五千年，它是桃的近亲，果实长圆、扁平，没有丰富的汁水，味道酸涩，不能当作水果食用。扁桃果实成熟后会自然开裂，露出木质的核（内果皮），核中的种子就是它的食用部位，晒干后再烤熟或炒熟，即可上市销售，过去曾叫作"美国大杏仁"，后来更正为"扁桃仁"或"巴旦木"。近年来，北京市场上也有新鲜的扁桃出售，掰开后种子可以鲜食，风味与熟扁桃仁不同。扁桃的种仁有甜、苦之分，甜扁桃仁作为干果食用，苦扁桃仁有毒，多用于榨油。

带壳扁桃仁

扁桃果实表面有毛

栗

拉丁学名：*Castanea mollissima*

别名：板栗、栗子、油栗

分类类群：壳斗科 栗属

形态特征：乔木；叶长圆形；花有腥臭味；坚果外有总苞，总苞上密生锐刺。

主要食用部位：种子

我国有好几种栗子，果实都可以吃，北京出产和食用的是栗，也叫板栗。据《战国策》记载，早在战国时期，北京所在的燕国就已经盛产板栗了，苏秦称燕国是"北有枣栗之利，民虽不由田作，枣栗之实，足食于民"。《史记》中也提到"燕秦千树栗，其人与千户侯等"。

板栗果实外面的总苞上长满尖锐的硬刺，成熟后开裂，露出内部的坚果，我们买板栗时，会发现它有两种不同的形状，一种两面扁平，另一种一面平、一面圆而鼓，这是因为，每个总苞内长有3朵雌花，会发育成并排的3个果实，夹在中间的那一个，就会长成两面平的形状，两边的果实就有一面是鼓起来的。

板栗成熟果序

糖炒栗子

北京的板栗，大多生长于北部山区，如怀柔、密云、昌平等地，"良乡板栗"扬名于外，但实际上良乡并不盛产板栗，只是因为地处北京向南的交通要道，曾是板栗批发的集散地，所以运到外地的板栗包装上都有"良乡板栗"的标记。板栗的食用方法很多，可以煮、烤、炖，不过北京最常见的还是糖炒栗子，就是把板栗混上糖和沙砾，在大铁锅中翻动炒熟，味道香甜可口。有人以为糖炒栗子的甜味来源于"糖炒"，实则不然，炒栗子时加糖，只是为了让热沙砾粘在栗壳上，使其内部受热均匀，糖炒栗子的甜味是栗子本身的糖分所带来的。新栗子比陈栗子好吃，每年秋天是新栗上市的时候，也是北京糖炒栗子最好吃的季节。

板栗果枝

243

胡桃

拉丁学名：*Juglans regia*

别名：核桃

分类类群：胡桃科 胡桃属

形态特征：乔木；奇数羽状复叶，具5～9小叶；花淡绿色；核果球形，绿色，内果皮坚硬。

主要食用部位：种子

　　胡桃在北京一般称作核桃，西晋《博物志》等书中说它是张骞从西域带回的，故名胡桃，但它的起源地现在还没有完全搞清楚，遗传证据表明，胡桃的原产地也有可能是我国的西部地区。北京在金元时期就出产胡桃，现在在郊区的种植面积很大，胡桃的外果皮、中果皮为青绿色，味道苦涩，剥开后会氧化变黑，很难清洗，虽然胡桃成熟后会自然开裂，但是需要等待很长时间，所以一般都要人工去皮，传统的去皮方法是把青胡桃堆起来等它自然腐烂，俗称"沤青皮"，也可以用药物处理。胡桃的果仁坑洼不平，形似人的大脑，所以民间传说吃胡桃能"补脑"，实际上胡桃的营养价值和其他坚果

胡桃仁

并没有太大区别，虽然适量食用有益健康，但是没有"补脑"作用。胡桃仁外面的种皮含有鞣酸，所以带有涩味，用水泡或者火烤后比较容易撕掉。胡桃也有许多栽培品种，如薄皮核桃、纸皮核桃等，在北京都很常见，它们的骨质内果皮比较薄，有时甚至可以用手轻松捏开，不必借助锤子、夹子等工具。

胡桃果枝

245

山核桃

拉丁学名：*Carya cathayensis*
别名：山胡桃、小胡桃
分类类群：胡桃科 山核桃属
形态特征：乔木；奇数羽状复叶，具5～7小叶；花淡绿色；核果球形，有4棱，内果皮坚硬。
主要食用部位：种子

　　山核桃的果实个头比普通的胡桃小，外壳比较光滑，味道更为香甜，油脂含量也更高，但是非常难剥。它的鲜果也和胡桃明显不同，鲜胡桃的外皮光滑，呈青绿色，而鲜山核桃的外皮有4条棱，为黄绿色。山核桃产于华东一带的山地，以杭州临安出产的最为知名，因为山核桃树大多数是半野生的，山核桃被采摘后需要经过晾晒、蒸煮等工序才能上市，产量低且工序多，所以价格也比较贵。由于山核桃比较难剥，所以在产地，人们会把它敲碎，剔出果仁后加调料炒熟，做成可以直接吃的山核桃仁再出售。

美国山核桃

拉丁学名： *Carya illinoinensis*

别名： 碧根果、长山核桃、薄壳山核桃

分类类群： 胡桃科 山核桃属

形态特征： 乔木；奇数羽状复叶，具11～17小叶；花淡绿色；核果长圆形，有4棱，内果皮坚硬。

主要食用部位： 种子

　　美国山核桃的英文名是peacon，音译为"碧根果"。它原产于北美洲南部，1907年引入我国无锡江阴，最早只是作为城市绿化树种零星栽植，比如北京动物园西北角的鹿苑和斑马运动场就有几株老树。20世纪中后期，我国在各地开始规模化栽植美国山核桃，目前主要的产地是华东、华中地区。美国山核桃的外皮干燥，成熟后开裂成4瓣，果核表面光滑，与山核桃类似，果仁味道也和山核桃差不多，但它的果实为长圆形，个大皮薄，取仁容易，也叫长山核桃或薄壳山核桃。由于它已经形成了成熟的栽培产业，所以产量比山核桃大得多，在西式糕点、烹饪中很常用。

榛子

拉丁学名：*Corylus* spp.
分类类群：桦木科 榛属
形态特征：灌木或小乔木；花下有钟状总苞；坚果卵球形。
主要食用部位：种子

　　榛属中有许多种树木的果仁都能吃，比如北京本地出产的平榛、毛榛等，《诗经》中有"树之榛栗"的诗句，说明当时榛子和栗子一样，都是人们常吃的干果。不过，北京市场上常见的榛子仁，大多不是本地榛子结出来的，而是欧榛的种仁，欧榛原产于欧洲，果仁个大、饱满，有浓郁的榛子香味。欧榛是世界上产量最大的食用榛子种类，20世纪中期引入我国，但是它不耐寒，在我国北方大部分地区无法过冬，后来研究人员培育出了平榛和欧榛的杂交种，兼有二者的优点，产量高、耐寒性好。不过，这个杂交种还没有大规模普及种植，目前我国种植的榛子大部分还是平榛等本地品种，市场上的成品去壳榛仁很多都是从土耳其等国进口的。这两种榛子很容

欧榛

平榛

易区别，欧榛的果实个头大，长宽接近2厘米，而平榛的果实很小，长宽仅有1厘米出头，它们的香味有一些区别，不过没有明显的优劣之分。

平榛雄花序

欧榛果枝

平榛果枝

毛榛果枝

市场上的平榛

南瓜

拉丁学名：*Cucurbita* spp.

别名：北瓜、倭瓜

分类类群：葫芦科 南瓜属

形态特征：蔓生草本；茎叶被刚毛；叶卵圆形；花黄色，萼片顶端宽大；瓠果形状多样；种子长卵形。

主要食用部位：种子

　　我们平时所说的南瓜是一个统称，包括了南瓜属的好几个物种，如南瓜、笋瓜、西葫芦等，它们的原产地都是美洲，明代中后期传入我国。除了作为蔬菜食用外，南瓜的种子炒熟还可以当作瓜子，也有不少专门用于生产瓜子的南瓜品种。按文献记载，大约于清代后期，食南瓜子在我国各地开始流行，如清代咸丰年间的《兴义府志》记载，当时贵州兴义出产南瓜，"郡人以瓜充蔬，收其子炒食，以代西瓜子"。南瓜子按照种皮颜色可以分成几类，白色的叫"大白板"，浅黄色的叫"光板"，黑色的叫"黑籽"。

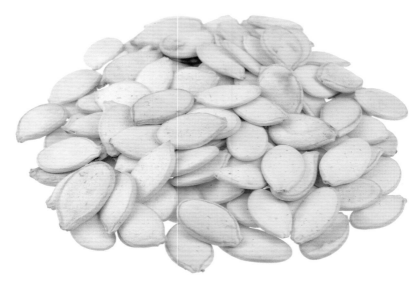

栝楼

拉丁学名：*Trichosanthes kirilowii*

别名：吊瓜、瓜蒌

分类类群：葫芦科 栝楼属

形态特征：藤本；地下有块根；叶掌状 3～5 浅裂；花白色，花冠边缘有丝状流苏；瓠果橙色、卵球形。

主要食用部位：种子

　　栝楼是北京的原生植物，应用历史很早，《北京市志稿》中收录了清代严绳孙的记载："辽时，燕俗妇人有颜色者目为细娘，面涂黄，谓为佛妆"，这说的是在辽代，当时北京的女子会把脸涂黄，称作"佛妆"。按北宋时期的文献记载，这种将脸涂黄的黄色化妆品，就是用栝楼皮的汁液做成的。栝楼的果实味苦不能吃，但是种子炒熟后非常好吃，称作"吊瓜子"。栝楼籽和其他瓜子比起来，粒大仁厚，具有清香味，而且更容易嗑，原本在江浙一带流行，近年来在北京市场上也能买到。

熟栝楼种子（左）和生栝楼种子（右）

栝楼的果实

栝楼的花

255

开心果

拉丁学名：*Pistacia vera*

别名：阿月浑子

分类类群：漆树科 黄连木属

形态特征：乔木；奇数羽状复叶，具3～5小叶；花黄色；蒴果长圆形，黄绿色或粉红色，内果皮白色、骨质。

主要食用部位：种子

　　开心果原产于伊朗，中文正式名叫阿月浑子，这个名字在我国文献中始见于唐代，可能是古代波斯语的音译。段成式在《酉阳杂俎》中写道："阿月生西国，蕃人言与胡榛子同树，一年榛，二年阿月"，当然，我们现在知道，阿月浑子和榛子是完全不同的两种植物。开心果的食用部位是它的种子，其中的绿色是叶绿素的颜色，坚硬的外壳是它的内果皮，新鲜的开心果外边还有一层肉质的外皮，收获时被去除了。开心果壳上的裂口并不是机器砸开的，而是人们在长久的栽培过程中选育出的性状，成熟后果壳会自然开裂，不同

品种的开心果，裂口的程度也有所不同。目前，北京市场上还有一种"土耳其开心果"，形状小而长，外壳多为淡灰褐色，它并不是单独的物种，只是开心果中的一类品种。

开心果果枝

腰果

拉丁学名：*Anacardium occidentale*

分类类群：漆树科 腰果属

形态特征：乔木；叶倒卵形；花黄色；核果肾形；果柄圆锥形、肉质，黄色或红色。

主要食用部位：种子

　　腰果果仁弯曲，形似肾脏（腰子），故而得名。腰果原产于巴西东北部，现在在亚洲、非洲、南美洲的热带地区广泛种植，我国于20世纪开始引种，种植面积很小，主要依赖进口。我们平时见到的腰果仁，外面都没有壳，所谓的"带壳腰果"，其实只是带有一层紫褐色的种皮，生长在树上时，实际上种子的外面还有一层果皮形成的外壳，这层外壳中的乳汁有毒，还容易引起过敏，不能食用，在收获加工过程中就去掉了。

　　腰果果实的下面长有圆锥形的肉质果柄，成熟后为红色或黄色，鲜甜多汁，可以当水果吃，但是非常不耐贮运，所以只有在原产地

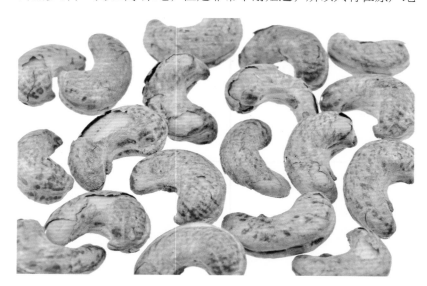

才能吃到，也可以用其制成果酱、果酒。这个奇特的外形特点是腰果在自然界中传播种子的策略，它利用果柄吸引猴子取食，因为果皮有毒，所以猴子吃完果柄以后就不会再继续吃里面的种子了，而是随手一扔，种子落在地上就可以生根发芽。

腰果果枝

259

向日葵

拉丁学名：*Helianthus annuus*

别名：葵花

分类类群：菊科 向日葵属

形态特征：草本；茎直立高大；叶心状卵圆形；花黄色；瘦果长倒卵形。

主要食用部位：种子

"向日葵"一名最早指的是冬葵，冬葵是我国古代的传统蔬菜，叶片向光生长，故而得名。明代中后期，原产于美洲的向日葵传入我国云南，因为它盘状的花序在成熟前有向光生长的习性，所以得名向日菊，明末，人们渐渐地把"向日葵"这个名字安在了它的身上。向日葵最早传入我国时只是作为观赏植物，后来渐渐转变成了食用植物。清代康熙年间的《桃源乡志》记载："葵花，又名向日葵，色有紫黄白，其子老可食"，这里说的紫色向日葵，指的是一些富含花青素的向日葵品种。每一粒葵花子都是一个完整的果实，去皮的瓜子仁才是种子。

单个葵花子为一个瘦果，可食用部分是种子

向日葵成熟果序（花盘）

开花的向日葵植株

261

中文名索引

拉丁学名索引

263

照片素材说明

　　本书中所使用的照片，除作者本人拍摄外，部分照片来自于其他摄影师，已在相应照片之下标注了摄影师姓名，相应照片的著作权归拍摄者各自独有，并已获得拍摄者授权在本书及其宣传推广中使用。此外，部分照片由商用图库中购买。另有部分照片来自已获得使用授权（授权信息见https://pixabay.com/zh/service/terms/#license 和 https://www.pexels.com/zh-cn/license/）的免费图库。

　　以下照片均来自免费图库pixabay，现将上传者在网站上的用户名列出：

P026　主图　Shutterbug75

P027　鳄梨果枝　sandid

P027　不同成熟度的鳄梨　tommileew

P029　椰青　Engin_Akyurt

P029　椰子的固态胚乳　miguelcruz30

P033　海枣树　Simon

P034　主图　jgzelaya

P038　主图　Shutterbug75

P039　上图　Security

P039　凤梨花序　Suanpa

P042　主图　lovini

P043　红醋栗果枝　Hietaparta

P081　蟠桃　GunKristina

P084　主图　Dgraph88

P085　杏脯　falco

P085　杏的果枝　olvasmm0

P088　主图　WikimediaImages

P199 青木瓜沙拉 pasita wanseng

P219 蓝莓果枝 ChiemSeherin

P221 蔓越莓结果植株 MrGajowy3

P237 澳洲坚果果枝 revistaadelasa

P239 烤花生仁 WikimediaImages

P257 开心果果枝 pixel2013

P259 去皮腰果果仁 armennano

P259 腰果果枝 sarangib

以下照片来自免费图库pexels，现将上传者在网站上的用户名
列出：

P031 市场上的蛇皮果 Adityo Cahyo